Carsten K. Rath

OHNE FREIHEIT IST FÜHRUNG NUR EIN F-WORT

Für David!

Carsten K. Rath

OHNE FREIHEIT IST FÜHRUNG NUR EIN F-WORT

Mitarbeiter entfesseln
Kunden begeistern
Erfolge feiern

Bibliografische Information der Deutschen Nationalbibliothek
Die Deutsche Nationalbibliothek verzeichnet diese Publikation in der
Deutschen Nationalbibliografie; detaillierte bibliografische Daten sind
im Internet über http://dnb.d-nb.de abrufbar.

ISBN 978-3-86936-749-1

Lektorat: Christiane Martin, Köln | www.wortfuchs.de
Umschlaggestaltung: Martin Zech Design, Bremen | www.martinzech.de
Autorenfoto (Umschlag): Giorgio Balmelli
Illustrationen, Satz und Layout: Judith Hilgenstöhler, Hamburg | www.daisydraft.com
Druck und Bindung: Salzland Druck, Staßfurt

© 2017 GABAL Verlag GmbH, Offenbach

INHALTSVERZEICHNIS

VORWORT VON DR. FLORIAN LANGENSCHEIDT

Zum Aufwärmen: Gedanken über die Freiheit

Es gibt sicher Glück in Diktaturen. Aber auf die Dauer will der Mensch frei sein. Sich nicht vorschreiben lassen, wie sein Glück und Leben auszusehen haben – selbst wenn der Diktator es gut meint. Und erst recht nicht sich einsperren, versklaven oder unterdrücken lassen.

Deshalb stand das Volk im ehemaligen Ostblock auf und spülte die sozialistischen Machthaber weg. Deshalb schüttelten die Menschen in vielen Ländern am Mittelmeer ihre Diktatoren ab. Nach den großen historischen Revolutionen in Europa und Amerika, nach Aufklärung und Demokratisierung haben wir die Freiheit in uns wie Blut im Herzen und Atem in der Lunge: Wir wollen bestimmen, wer wir sind und was wir tun. Wir wollen Freiheit. Erst von den Eltern, dann von den Lehrern und immer vom Staat.

Nur bei der Arbeit war Freiheit die längste Zeit nicht im selben Maße ein Thema. Bei der Arbeit lassen wir uns immer noch gängeln. Ausgerechnet da, wo wir die meiste Zeit unseres Lebens verbringen, lassen wir uns von Unfreien führen und kontrollieren. Warum? Und wie können wir das ändern?

Diesen Fragen stellt Carsten K. Rath sich in diesem Buch. Es ist das Buch von einem, der aufbrach, das Führen neu zu lernen. Carsten geht mit seinen Unternehmen und mit seiner Art zu führen einen ganz eigenen Weg. Ihn auf diesem Weg zu begleiten, ist aufrüttelnd, unterhaltsam und hier und da auch ein bisschen schmerzhaft. Mit der Freiheit ist es wie mit der Heilung: Manchmal muss es ein bisschen wehtun, bevor es besser werden kann. Nennen wir es: Wachstumsschmerzen.

Natürlich, darauf verweist schon die bloße Notwendigkeit von Führung, sollten wir nicht glauben, dass wir je ultimativ frei sein könnten. Werbung, Mode, Geld, Umgebung, Medien – ständig werden wir beeinflusst. Die Autonomie ist immer eine scheinbare. Aber lieber Verführung und sanfter Einfluss als Polizeistaat und Zensur! Gleichzeitig verunsichert uns ein zu hohes Maß an Freiheit, wenn sie nicht auf ein

Ziel gerichtet ist. Zu viele Wahlmöglichkeiten machen unzufrieden. Mancher freut sich im Urlaub ohne Terminplan nach einer Weile auf sein klar strukturiertes Alltagsleben. Wir sind nicht dazu gemacht, ständig zwischen unendlich vielen Optionen zu wählen – und wir können auch gar nicht jede Entscheidung qualifiziert selbst treffen. Wir wünschen uns Orientierung. Auch bei der Arbeit: Wir wollen geführt werden. Aber nicht von Diktatoren und Autokraten, denen es nur um Macht und den eigenen Vorteil geht. Sondern von Menschen, die das Gleiche wollen wie wir: frei sein und etwas bewirken.

Wir wollen frei sein, um uns freiwillig zu binden. Freiheit ohne Verantwortung und Bindung mag kurzzeitig reizvoll sein, auf die Dauer ist sie, wie im offenen Meer ausgesetzt zu sein. Deshalb suchen wir uns Aufgaben, verlieben uns, bekommen Kinder – und arbeiten. Wir schaffen uns aus eigener Entscheidung heraus Strukturen und Ziele. Wir brauchen sie zum Glück genauso wie die Freiheit, sie selbstbestimmt auszuwählen.

Freiheit gibt keine Garantie für Glück und Sinn, aber sie ist eine Voraussetzung dafür.

Dr. Florian Langenscheidt

PROLOG

FREIHEIT FÜR COMO

Mit einem dumpfen Geräusch schlägt mein Sitznachbar auf dem Boden der Flugzeugkabine auf. Er ist mit dem Fuß im Riemen meiner Umhängetasche hängen geblieben, die vor mir liegt. Meine Papiere verteilen sich quer über den Kabinenboden. Und er liegt dazwischen, der Länge nach im Gang ausgestreckt, zu Fall gebracht von meiner Tasche.

Normalerweise würde ich mich jetzt wahnsinnig schlecht fühlen. Sie kennen den Effekt, wenn man jemanden stürzen sieht: Man leidet förmlich mit und will sofort helfen. Umso mehr, wenn man auch noch eine Mitschuld trägt, wenigstens gefühlt. Eigentlich würde ich jetzt aufspringen und mich vergewissern, dass nichts Schlimmes passiert ist. Ich würde dem Mann im Business-Anzug auf die Beine helfen und mich dafür entschuldigen, dass mein Gepäckstück an dem Unheil beteiligt war.

Nicht in diesem Fall. Zu meiner eigenen Überraschung muss ich mir eingestehen, dass sein Sturz mir so gar nicht leidtut. Irgendwie hebt er sogar meine Laune. Ich fange den Blick der Flugbegleiterin ein. Die ist besser als ich darin, ihre Gefühle zu verbergen, aber so ganz gelingt es auch ihr nicht. Die Schadenfreude, professionell unterdrückt, zeigt sich in einem Zucken ihrer Mundwinkel. Und mich selbst höre ich sagen: „Hochmut kommt vor dem Fall!"

„Ernsthaft, Carsten?", denke ich bei mir. „Du machst dich über jemanden lustig, der über deine Tasche gefallen ist?" Aber der Appell an mein Gewissen verhallt weitestgehend ungehört, während der Gestürzte sich wortlos aufrappelt und sich einige Reihen weiter nach hinten auf einen anderen Sitzplatz verzieht.

Was war denn hier passiert?

Beim Boarding ging es schon los. Eigentlich wollte ich mich entspannen, vielleicht ein bisschen Arbeit erledigen. Doch dann kam *er*: der König der Lackaffen. Schon als er ins Flugzeug einstieg, erregte er meine Aufmerksamkeit, und nicht nur meine. Lautstark zog er am Handy über einen Kunden her, während er sich neben mir auf dem mittleren Platz niederließ. Dabei machte er sich so breit wie möglich. Ließ keinen Zweifel daran, dass die beiden Armlehnen zwischen seinem und den anderen Sitzen in dieser Reihe ihm gehörten. Seine ganze Körpersprache sagte: Hier geht es um mich und nur um mich. Das ist mein Flugzeug, denn ich bin hier der Wichtigste. Dann ließ er sich – mutmaßlich zur Erleichterung seines Gesprächspartners – weiterverbinden und machte dem Vernehmen nach noch einen Mitarbeiter zur Schnecke.

Mit allen anderen Passagieren als unfreiwilligen Zeugen. Also auch mit mir als Zeugen.

Als die Durchsage „Boarding completed" aus den Lautsprechern kam, fand das immens wichtige Telefonat plötzlich ein jähes Ende – mein Sitznachbar hatte einen neuen Anlass gefunden, sich zu produzieren. Das Flugzeug war nämlich nur zu einem Drittel ausgebucht. „Und da quetschen Sie mich hier in eine Reihe mit zwei anderen Typen auf den B-Platz in die Mitte? Was für eine Scheiß-Airline ist das eigentlich?", brüllte er die Flugbegleiterin über mehrere Sitzreihen hinweg an. Und sprang schwungvoll auf, um sich umzusetzen. Doch dabei kam meine Tasche ihm in die Quere. Und dann fiel er und mit ihm die unangenehme Anspannung in der Kabine.

Vom ersten Moment an hat sein Verhalten bei mir extremes Unwohlsein erzeugt. Nun, da das Schauspiel vorbei ist, beginne ich mich zu fragen, woran das liegt. Was an diesem Kerl treibt mich zur Weißglut? Warum kann ich ihn nicht einfach ignorieren? Welche missgestimmte Saite schlägt er in mir an?

Irgendwo auf der Strecke zwischen München und Zürich wird es mir klar: Er hat in mir die Erinnerung an andere sogenannte Führungskräfte wie ihn geweckt, denen ich schon begegnet bin. Es gibt sie in den meisten Unternehmen. Überall zerstören sie Motivation mit mieser Führung. Überall auf der Welt blockieren sie Excellence. „Me, myself and I" ist ihr Motto. Und in manchen Unternehmen ist das leider noch immer die richtige Haltung, um es nach oben zu schaffen.

Nach dem Aussteigen sehe ich ihn in der Ankunftshalle verschwinden – in null Komma nichts verschmilzt er mit seiner Umgebung. Genauer gesagt: in einer Gruppe von anderen Ego-Junkies, die irgendwie alle gleich aussehen. Mit entblößten Zähnen klopfen sie sich gegenseitig auf die Schulter – etwas zu fest, als dass es ehrlich wirken könnte. In ihren Blicken sind Jovialität und Wachsamkeit gleichermaßen. Fehlt nur noch, dass sie vergleichen, wer den dicksten Füller im Gepäck hat.

Und plötzlich klingt eine andere Saite in mir. Plötzlich tut er mir nun doch leid, mein Sitznachbar. Ob er es sich ausgesucht hat, dieses Affenkostüm von einer Attitüde? Oder ob es ihm übergestülpt wurde von einem Senior-Affen, der ihn nach seinem Vorbild erschaffen hat? So geht es den meisten von ihnen. Denn sie wissen nicht, was sie tun (könnten). Sie kennen es nicht anders. Gerade als ich ein bisschen Mitleid entwickle für diesen Zeitgenossen, läuft eine Gruppe von Kindern an mir vorbei. Gut gelaunt, noch weit von der Corporate-Welt entfernt. Oder doch nicht? „Wer hat die Kokosnuss, wer hat die Kokosnuss, wer hat die Kokosnuss geklaut?", singen sie wie aus einer Kehle.

Und plötzlich fällt mir ein, zu welcher Spezies der Typ aus dem Flieger gehört. Und all die anderen, an die er mich erinnert.

Dieser Flug war die Geburtsstunde der Figur COMO® – kurz für Corporate Monkey. Auf den nächsten Seiten werde ich Ihnen noch viel darüber erzählen, was ich damit meine. Und warum ich damit manchmal auch mich selbst meine.

Dieser Flug hat so viele Erinnerungen wachgerufen. An echte Affen, die ich in Afrika und Thailand in freier Wildbahn beobachten konnte – immer auf der Suche nach der Kokosnuss. Und an Menschen in Affenkostümen, mentalen Uniformen sozusagen, die auch nichts anderes im Kopf haben als ihren Vorteil. Die nur aus einem Grund an der Palme hochklettern, nämlich um an den nächsten geldwerten Vorteil zu kommen. Für ihren Status, für ihr Ego – und notfalls auch gegen das Unternehmen. Denn sie selbst kommen immer zuerst und dann lange nichts. Und das nennen sie dann: Führung.

Ich habe mehr als einmal darunter gelitten. Haben wir das nicht alle? Und genauso oft habe ich festgestellt: Sie selbst leiden auch darunter. Denn schlechte Führung ist ein Perpetuum mobile, genauso wie gute Führung. Sie fühlt sich für niemanden gut an, und doch wird sie von einem COMO zum nächsten durchgereicht.

Dieser Erkenntnismoment hat mich ein Stück weit mit den COMOs versöhnt oder vielmehr mit den Menschen hinter der Affenmaske. Und vor allem hat er mich erkennen lassen:

Wir sind alle ein bisschen
COMO.

Mich selbst eingeschlossen. Auch ich wurde vom Monkey Business erzogen, auch ich hatte falsche Vorbilder. Der Typ im Flugzeug – er hat mich nicht zuletzt an mich selbst erinnert. Kein Wunder also, dass er so starke Gefühle bei mir ausgelöst hat. Immer wieder gab es Momente, wo der COMO in mir sich gezeigt hat, wo ich gegen ihn ankämpfen musste, und es gibt sie manchmal auch heute noch. Einige dieser Geschichten werden Sie in diesem Buch lesen. Manchmal bin ich an meinem inneren COMO gescheitert, manchmal habe ich ihn besiegt. So wie jeder, der führt. Sie und ich – wir laufen jeden Tag Gefahr, in die COMO-Falle zu tappen.

Aus der Beobachtung eines Prachtexemplars von einem COMO in freier Wildbahn – und all den Erinnerungen – habe ich zwei Schlüsse gezogen: Erstens bin ich zu der Überzeugung gekommen, dass wir den COMO in uns akzeptieren können und dürfen. Er ist ein Teil von uns, Teil unserer Sozialisierung im Unternehmen. Eine Nebenwirkung der Karriere sozusagen. So wie ich Rheinländer bin, so bin ich auch COMO.

Wir bekommen diese Attribute durch Sozialisierung mit auf den Weg und verbringen unser Leben damit, uns zu ihnen in Beziehung zu setzen. Wir sind, wie der Soziologe Georg Simmel festgestellt hat, Schnittpunkte sozialer Rollen. Eine davon ist der COMO. Am besten mit dem COMO umgehen können wir, davon bin ich überzeugt, indem wir ihn als einen Teil unserer Führungspersönlichkeit akzeptieren. Ihn verstehen lernen, über ihn lachen lernen – und mit ihm umgehen lernen.

Zweitens habe ich mich entschieden, dem Affen keinen Zucker mehr zu geben. Meinem inneren COMO nicht und nicht all den COMOs da draußen, die uns tagtäglich das Leben schwer machen. Ich habe keine Lust mehr, auf Bananenschalen auszurutschen und es anschließend zu bereuen. Der COMO ist ein Teil von uns – aber wir müssen ihm nicht auf den Leim gehen. Wir müssen nicht in die COMO-Falle tappen.

Wir können auch anders.

Ich glaube sogar: Wir haben gar keine andere Wahl, als den Kampf gegen den inneren COMO aufzunehmen. Die Welt der Unternehmen hat sich verändert und die Anforderungen an Führung mit ihr. Wir haben es heute mit anderen Kunden, anderen Mitarbeitern, anderen Bedürfnissen zu tun, die im Zentrum von Führung stehen. Das Leadership der Zukunft findet unter anderen Bedingungen statt als die Führung, die wir einmal gelernt haben. Das Monkey Business wird den neuen Ansprüchen nicht gerecht. Intrigieren, taktieren, nach dem eigenen Vorteil schielen – diese Gewohnheiten haben zu einem festgefahrenen, einseitig hierarchischen, unflexiblen System des Leaderships geführt, das den Anforderungen der neuen Kunden, Märkte und Mitarbeiter nicht mehr gewachsen ist.

Darum und um die Führung in der Post-COMO-Ära geht es in diesem Buch. Ich habe es geschrieben, weil ich erkannt habe, dass ich seit vielen Jahren auf meine Art darum kämpfe, aus diesem System der Unfreiheit herauszukommen und zu lernen, wie Entscheidungen, Mitarbeiterführung, Kommunikation, Teamwork und Innovation funktionieren, wenn die alten Muster es nicht mehr tun.

Der Schlüssel? COMOs gedeihen nur in Gefangenschaft. Sie kultivieren das, was sie Führung nennen, in geschlossenen Systemen, wo sie sich ungestraft um sich selbst drehen können. Wo es nicht um die Bedürfnisse der Kunden oder der Mitarbeiter geht, sondern nur um die Kokosnuss. Der Schlüssel zu einer Führung ohne Monkey Business ist: Freiheit.

Auf den ersten Blick ist das ein Widerspruch: Führung und Freiheit. Aber nur, weil der COMO in uns es so gelernt hat. Führung und Freiheit sind Brüder. Sie bedingen sich gegenseitig. Ich glaube sogar:

Erst durch **FREIHEIT** wird Führung wirklich wirksam, und ohne Freiheit ist **FÜHRUNG** nur ein **F-WORT.**

Ein unbeliebtes Wort, das vielen eher Angst einjagt als Freude – Führungskräfte eingeschlossen. Ohne Freiheit ist Führung nur ein Instrument des Monkey Business und eine Haltung, die Führungskräfte und Mitarbeiter leiden lässt, die Innovation verhindert und vor allem: die unzufriedene Kunden hinterlässt.

Erst Freiheit in der Führung macht Unternehmen zukunftsfähig. Deshalb gibt es keinen Grund, sich vor ihr zu fürchten. Führung und Freiheit passen wunderbar zusammen. In diesem Buch steht, warum – und wie es funktioniert. Ich möchte Ihnen erzählen, wie ich selbst Freiheit in der Führung gefunden habe, nachdem ich viele Jahre lang unter der Unfreiheit des COMOs gelitten habe. Und ich möchte Ihnen einen

Weg zeigen, wie wir als freie Leader freie Menschen führen und unsere Unternehmen entfesseln können. Mit anderen Worten: wie wir auch morgen noch erfolgreich führen können, wenn die Tricks und Mauscheleien der COMOs nicht mehr funktionieren. Egal, auf welcher Führungsebene wir tätig sind, vom Teamleiter bis zum Vorstand.

Machen wir Schluss mit dem Monkey Business. Nicht zuletzt um der COMOs selbst willen. Denn die haben sich das in den seltensten Fällen so ausgesucht. Der COMO in Ihnen auch nicht, oder? COMOs werden gemacht. Und wir können das verhindern.

Und nun viel Spaß mit meinem Buch!

Freiheit für COMO,
FREIHEIT FÜR ALLE!

1. BEFREIUNGS-SCHLAG

WARUM ES IN DEN ERFOLGREICHSTEN UNTERNEHMEN NUR ENTSCHEIDER GIBT

LEADER-WAHL

Woran erkennen Sie einen starken Leader? Ein kleines Gedankenspiel verdeutlicht, wie schnell man sich irren kann, wenn es um Leadership-Qualitäten geht. Stellen Sie sich vor, es wird ein neuer Weltherrscher gewählt, und auch Ihre Stimme ist gefragt. Hier sind die Anwärter auf den begehrten Posten:

- Kandidat A steht unter Korruptionsverdacht. Vor wichtigen Entscheidungen konsultiert er einen Astrologen. Er hat zwei Geliebte. Außerdem ist er Kettenraucher und trinkt acht bis zehn Gläser Martini am Tag.
- Kandidat B ist schon zweimal aus hohen Positionen geflogen. Er schläft gern bis mittags. Schon an der Uni nahm er Drogen, bei der Arbeit hilft er auch chemisch nach, und er säuft wie ein Loch.
- Kandidat C hat beachtliche internationale Erfolge vorzuweisen. Er ist Vegetarier, er raucht nicht, trinkt höchstens ab und zu mal ein Bier und hatte noch nie eine außereheliche Affäre.

Wer wäre Ihr Favorit? Der Korrupte mit den zwei Geliebten? Der Säufer, der immer rausfliegt? Oder der erfolgreiche Vegetarier? Sie ahnen natürlich, dass ich versuche Sie hinters Licht zu führen. Doch wenn das die Fakten wären, die Sie nach allgemeiner Informationslage tatsächlich über die Leadership-Kandidaten bei einer wichtigen Wahl hätten – das Informationszeitalter macht es möglich –, wem würden Sie Ihre Stimme geben?

Die Auflösung: Kandidat A ist Franklin D. Roosevelt. Der war tatsächlich ein berüchtigter Leichtfuß. Der Secret Service musste ihn öfter mal singend ins Bett tragen. Als erste Amtshandlung als Präsident der USA schaffte er die Prohibition ab. Die Amerikaner durften also endlich wieder das Glas heben. Nicht, dass er selbst sich jemals vom Alkoholverbot hätte abhalten lassen. Trotz allem gilt Roosevelt bis heute vielen als der beste Präsident, den die Vereinigten Staaten je hatten. Mit dem „New Deal" hat er die Finanzwirtschaft auf Vordermann gebracht. So einen könnten wir heute doch auch gut gebrauchen, oder? Mit der Politik der guten Nachbarschaft wurde er zur Speerspitze gegen den Nationalismus in Europa, sozusagen ein Anti-Donald-Trump. Er wurde dreimal als amerikanischer Präsident wiedergewählt. Ein genialer Leader – ohne Frage.

Kandidat B ist kein Geringerer als Winston Churchill. Auch eine großartige Führungskraft. Schon als junger Soldat hat er ganze Regimenter das Fürchten gelehrt. Mit Regeln und Autoritäten hatte er aber so seine Schwierigkeiten. Als General wurde er im Ersten Weltkrieg gefeuert. Man merkte ihm nie an, wie viel er trank. Amphetamine nahm er auch. Vor allem während des Zweiten Weltkriegs. Um wach zu bleiben, wenn er den nächsten Schachzug gegen Hitler plante. Und den hat er Gott sei Dank besiegt, wie wir wissen. Dieser Leader hat Europa gerettet.

Apropos: Falls Sie sich unter den drei Möglichkeiten für Kandidat C entschieden haben, den erfolgreichen Vegetarier, dann haben Sie gerade Adolf Hitler zum Weltherrscher gewählt. Es ist nicht leicht, einen guten Leader zu erkennen. Was eine gute Führungskraft ausmacht, ist eine sehr komplexe Frage, auf die es viele, individuell und situativ sehr unterschiedliche gute Antworten gibt. Ich weiß das, denn ich habe selbst unter sehr verschiedenen Führungskräften gearbeitet. Ich befinde mich selbst mitten auf einem langen Weg als Leader. Wenn Sie versprechen, mich nicht als schizophren abzustempeln: Ich bin wohl selbst schon verschiedene Leader gewesen. Die Verantwortung, die Macht und die Umstände verändern uns auf vielfältige Weise. Meinen Sie nicht? Und schließlich habe ich selbst schon sehr viele Führungskräfte gewählt. Keine Weltherrscher – jedenfalls bisher –, aber doch die Menschen, denen ich die Geschicke meiner eigenen Unternehmen anvertraue. Ich bin vor allem Unternehmer. Nach dieser Prämisse suche ich auch meine Führungskräfte aus.

Ich suche Menschen, die BESSER sind als ich, denn dann bin ich besser ALS SIE.

Gerade aus der Perspektive als Unternehmer heraus komme ich zu dem Schluss: Es ist nicht leicht, einen guten Leader zu erkennen. Nicht mal im Spiegel, wenn er vor Ihnen steht … Um Missverständnissen gleich vorzubeugen: Ich wünsche mir nicht, dass meine Führungskräfte alle korrupte Säufer sind. Ich will Sie auch nicht dazu animieren, nur noch notorische Leichtfüße einzustellen. Und ich will ganz bestimmt nicht behaupten, dass alle Vegetarier schlechte Leader sind. Der Grund, warum ich Sie bei der Wahl eines Weltherrschers hinters Licht geführt habe, ist ein anderer. Ich wollte Ihnen etwas demonstrieren:

Die Qualifikation für exzellente Führung steht nicht im Lebenslauf.

Blöd, ich weiß. Der eine oder andere Personaler mag mich vielleicht jetzt schon nicht mehr. Doch es gibt ihn leider nicht, den diagnostischen Lebenslauf. Es gibt ihn nicht, den umfassenden Leadership-Studiengang. Und selbst wenn es ihn gäbe, würde er angehende Führungskräfte wohl nie qualifizieren können für das, was wir in unseren Unternehmen täglich erleben. Führung ist Leben, und Leben kann man niemandem beibringen.

Oder doch? Kinder lernen durch Vorbilder alles, was sie zum Leben brauchen. Essen, laufen, sogar wie man schlechte Laune zum Ausdruck bringt. Warum Schreien sich lohnen kann und warum man demjenigen schöne Augen machen sollte, der Zugang zum Süßigkeiten-Reservoir hat. Solche Dinge lernen unsere Kinder von uns – und noch ganz andere.

Wenn wir einen guten Leader schon nicht an der Nasenspitze erkennen können – dann vielleicht wenigstens einen schlechten? Wie verhindert man, dass man versehentlich einen Adolf Hitler an die Spitze eines Unternehmens, einer Abteilung oder eines Teams setzt? Und wenn man doch die falsche Person auf den Führungsposten gesetzt hat – merkt man das wenigstens im Nachhinein? Theoretisch ja, praktisch aber oft nein. Die fiktive Präsidentenwahl zum Einstieg hat uns etwas vor Augen geführt, das mich im Unternehmensalltag schon einige Male teuer zu stehen gekommen ist, monetär und emotional: Die gefährlichen unter den Alphatieren sind sehr gut im Verkleiden. Und nicht nur sie. Auch die harmloseren Vertreter, die nicht gleich die Welt anzünden, sondern „nur" dem Unternehmen schaden. Und auch die, die es einfach nicht besser wissen. Letztere bilden vermutlich die größte Gruppe unter jenen, die wir nicht als gute Leader einstufen können. Das ist aber auch eine gute Nachricht: Die meisten schlechten Leader sind nicht freiwillig schlechte Leader. Sie wissen nur nicht, wie es anders geht – weil es ihnen niemand gezeigt hat. Sie haben gelernt, dass man demjenigen schöne Augen machen sollte, der den Schlüssel zur Schatztruhe hütet, und dem folgen sie dann auf Gedeih und Verderb. Genau hier liegt der Schlüssel. Nicht der zur Schatztruhe, sondern zur Antwort auf die Frage, woran man schlechte Leader erkennt. Alle schlechten Führungskräfte, die gefährlichen und die harmlosen, haben eines gemeinsam: Sie haben es nicht so mit der Freiheit. Sie funktionieren am besten in der Abhängigkeit. Was gute Leader stärkt und Führung erst ihren tieferen Sinn gibt, ist für sie am schwersten zu ertragen.

Die
FREIHEIT
ist das
KRYPTONIT
der schlechten Leader.

GESTATTEN: COMO

Welcome to Monkey Business, wo Freiheit ein Schimpfwort ist. Die Führungskräfte, die ich meine, gibt es in jedem Unternehmen. Auf allen Ebenen sind sie anzutreffen. Von ganz unten in der Hierarchie bis hinauf in den Vorstand. Das sind die Führungskräfte, die sich pudelwohl fühlen im Zwangskorsett der Abhängigkeiten. Sie tragen den richtigen Anzug. Sie hangeln sich mehr oder weniger elegant die Karriereleiter hoch. Sie küssen im Vorbeigehen die richtigen Hintern. Sie scheinen immer den richtigen Riecher zu haben, um es noch einen Schritt weiter nach oben zu bringen. Aber eigentlich ist alles, was sie tun und sagen, irrelevant.

Diese Spezies hat einen Namen. Ich nenne sie Corporate Monkeys. Kurz: COMOs. Und was sie tun, das nennen sie Führung. Sie jagen alle der gleichen Kokosnuss hinterher. Und diese Kokosnuss, die nennen sie dann auch noch Erfolg. *Corporate Monkeys machen Führung durchschnittlich. Und, was noch viel wichtiger ist:*

Durchschnittliche Führung macht
CORPORATE MONKEYS.

Dieser Spezies fehlt das, was Führung erst ihren Sinn gibt: der Wille zur Freiheit. Ich bin mir ganz sicher: Ihnen gehen die Corporate Monkeys genauso auf die Nerven wie mir. Auch Sie wollen anders führen und anders geführt werden, als die COMOs es Ihnen vorleben. Sie wollen auch *anders erfolgreich sein* – wirklich erfolgreich sein für Mitarbeiter, für Ihre Kunden, für Ihr Unternehmen. Am Ende auch für sich selbst. Davon bin ich überzeugt, denn da geht es mir nicht anders als Ihnen: Auch ich habe oft unter schlechter Führung gelitten, und auch ich habe schlecht geführt.

Ganz recht: Auch ich war mehrfach kurz davor, zum Corporate Monkey zu mutieren. Vielleicht habe ich die Grenze sogar ein paarmal überschritten. Ganz bestimmt habe ich das eine oder andere Mal die falsche Entscheidung getroffen. Und damit nähern wir uns des Pudels Kern, denn das ist das Spielfeld der Führung: Führen heißt entscheiden.

KEINE ENTSCHEIDUNGS-FREIHEIT, NIRGENDS

Kennen Sie das Dilemma der Alphatiere? Sie wollen alles entscheiden und müssen dann eben auch jede Entscheidung treffen, die sie an sich gerissen haben. Und kennen Sie das Dilemma der dressierten Alphatiere? Sie wollen alles entscheiden, dürfen aber nicht.

Ich ging 1993 nach Dresden. Als Pre-Opening-Manager und designierter F&B-Direktor sollte ich das historische „Kempinski Hotel Taschenbergpalais" mit aufbauen. Die erste Adresse in einer Stadt, die gerade mitten im Umbruch ist. Dresden war 1993 noch eine ziemliche Ruine. Kopfsteinpflaster, verfallene Fassaden, viel Grau. Aber gleichzeitig ein Mekka der Kulturwelt: In der Semperoper gab sich alles die Klinke in die Hand, was Rang und Namen hatte. Und drum herum war noch architektonischer Sozialismus. Das war wirklich spannend.

Das Problem war nur: Ich mache mich nicht so gut als dressiertes Alphatier. Wenn ich zu wenig Freiheit habe, bekomme ich einen Lagerkoller. Und der kam in Dresden ziemlich schnell, obwohl ich mich in der Stadt damals sehr wohlfühlte. Was mich bei der Stange gehalten hat, war die Herausforderung. Man bekommt ja nicht jeden Tag die Chance, ein historisches Hotel direkt neben der Semperoper neu zu eröffnen.

Wenn Sie ein Fünf-Sterne-Hotel eröffnen, dann treffen Sie täglich 100 Entscheidungen. Oder vielmehr: Sie *müssten* täglich 100 Entscheidungen treffen. Wogegen ganz und gar nichts auszusetzen ist, wenn man denn alles selbst entscheiden könnte. Aber als dressiertes Alphatier trifft man diese Entscheidungen eben nicht allein, zumindest nicht verantwortlich. Stattdessen werden sie konsensiert. In den meisten größeren Unternehmen braucht es für jede Entscheidung, die über den Wechsel einer Glühbirne hinausgeht – und selbst da hört es in manchen Unternehmen schon auf – irgendein Gremium.

Schon der Begriff „Gremium" löst bei den meisten von uns ein weiteres Reizwort aus: Meeting. Das sind die Sitzungen, bei denen die COMOs unterm Tisch verstohlen Taschenbillard spielen, während am Kopfende der langen Tafel irgendein höheres Tier einen ordentlichen Affentanz veranstaltet.

In Dresden beginne ich nicht zum ersten Mal, aber in bis dahin ungeahnter Form unter dieser Kultur zu leiden. Ich bin der Gastronomiedirektor dieses Hotels, aber ich darf nicht mal das Geschirr selbstständig aussuchen. Ich muss jeden verdammten Teller mit einem Gremium klären, das aus der gesamten Führungsmannschaft und meinem Vorgesetzten besteht. Und der ist meistens nicht mal da. Kennen Sie diesen Typ auch, den unerreichbaren Chef, der aber alles absegnen will? Dann kennen Sie schon mal mindestens einen Corporate Monkey.

Nun muss ich ergänzen: Ich war relativ verwöhnt aus früheren Engagements. Unter anderem war ich vorher in Südafrika gewesen. Dort hatte ich in zwei sehr speziellen Grand-Hotels weitgehend schalten und walten können, wie ich wollte. In Dresden aber steckte ich in der Konzernkultur fest und durfte praktisch nichts mehr allein entscheiden. Weil jede Tasse mit den Kempinski-Standards konform gehen muss. Und mit den Befindlichkeiten aller anderen sogenannten Entscheidungsträger. Damit wir uns richtig verstehen: Nichts gegen die Kempinski-Standards. Aber alles ist durchschematisiert. Und was nicht durchschematisiert ist, muss konsensiert werden. Keine Entscheidungsfreiheit, nirgends.

Die Entscheidungen aber sind das, was eine Führungskraft auszeichnet. Die Entscheidungen sind die Momente im Führungsalltag, in denen wir scheitern oder Erfolg haben, wachsen oder stagnieren. Wenn führen entscheiden heißt – wie sollen wir dann führen, wenn wir nicht entscheiden dürfen? Wie sollen wir es jemals zu guten Führungskräften bringen? Wie sollen wir andere zu Leadern machen? Und wenn wir Leader nicht an ihren Entscheidungen messen können, woran denn dann?

Genau deshalb sind die Corporate Monkeys so oft und oft so lange erfolgreich auf ihrer Jagd nach der Kokosnuss. Deshalb fällt so oft gar nicht auf, dass sie immer zuerst an den eigenen Vorteil denken. Wo alles konsensiert wird, lässt sich am Ende auch ein Misserfolg nicht schlüssig erklären und an seinen Ursprung zurückverfolgen. Und wo alle der gleichen Kokosnuss hinterherjagen, besteht daran auch gar kein Interesse. Eine Führungskultur, in der Menschen der Freiheit zu entscheiden beraubt werden, züchtet Corporate Monkeys: Führungskräfte, die gar nicht entscheiden wollen.

ENTSCHEIDUNGSFREIHEIT: EIN INDIKATOR FÜR QUALITÄT

Vielleicht war es ein Fehler, dass ich schon als Auszubildender Tom Peters gelesen hatte. Er musste später viel Kritik einstecken, weil sich einige seiner Prognosen darüber, welche Unternehmen in Zukunft erfolgreich sein würden, später nicht bewahrheiteten. Ob das tatsächlich daran lag, dass seine Schlussfolgerungen fehlerhaft waren, oder daran, dass sich die Rahmenbedingungen für wirtschaftlichen Erfolg einige Jahre später grundlegend änderten, sei dahingestellt. Für mich sind einige seiner Thesen dennoch bis heute wegweisend geblieben. Nicht unbedingt als Kriterien für Marktführerschaft, wohl aber als Indikatoren für die Umsetzungskompetenz von Unternehmen. Insbesondere drei davon habe ich später abgewandelt in all meinen Unternehmen bis heute zur Anwendung gebracht:

- Schnelle Entscheidungen und Problemlösungen verhindern, dass die Bürokratie überhandnimmt.
- Service-Persönlichkeiten sind nahe am Kunden und bereit, von seinen Bedürfnissen zu lernen.
- Besondere Unternehmen zeichnen sich durch Autonomie und Unternehmergeist auf allen Ebenen aus.

Aus diesen Prinzipien kann man meiner Meinung nach ableiten, wie eine gesunde Entscheidungskultur aussehen kann. Nicht nur im Service-Bereich, sondern überall, wo es darum geht, was der Kunde braucht. Und darum geht es in jedem Unternehmen *eigentlich*. In denen, die von Corporate Monkeys geführt werden, nur leider oft nicht operativ. Folgende Schlussfolgerungen über die Entscheidungskultur – also Führungskultur – eines Unternehmens lassen sich aus den obigen Prinzipien ableiten:

- Schnelle Entscheidungen und Problemlösungen sind nur möglich, wenn sie nicht erst durch die Hierarchiestufen hindurch debattiert und konsensiert werden.
- Nahe am Kunden sein kann nur, wer selbst befugt ist, auf die Kundenbedürfnisse mit konkreten, operativen Entscheidungen zu reagieren.
- Wir können nicht von Mitarbeitern erwarten, dass sie Unternehmergeist leben, und ihnen gleichzeitig keine Befugnisse übertragen.

Die Quintessenz dieser Erkenntniskette ist: Auch Mitarbeiter müssen autonom entscheiden können. Entscheidungen sind kein Führungsprivileg. Und gerade deshalb eine Frage der Führungskultur. Denn nur ein Leader, der selbst die Freiheit hat zu entscheiden, kann und wird auch seinen Mitarbeitern genau die Entscheidungsfreiheit einräumen, die sie brauchen, um einen guten Job zu machen.

FREIHEIT IST UNTEILBAR

Die Entscheidungsfreiheit des Leaders hat zwei Aspekte, die beide auf unterschiedliche Weise davon abhängig sind, wie abhängig oder unabhängig ich als Führungskraft bin.

Die Entscheidungsfreiheit des Leaders besteht darin, dass er in seinem Verantwortungsbereich autonom entscheiden kann und dass er nicht alles selbst entscheiden muss, sondern andere in ihrem Verantwortungsbereich ebenfalls autonom macht.

Ein Beispiel, um diese Dualität der Unabhängigkeit von Führungsentscheidungen zu verdeutlichen: An der Rezeption eines meiner Hotels steht ein sogenannter HWC-Gast. HWC steht für „Handle with Care" – so werden in den besseren Grand-Hotels dieser Welt Gäste genannt, die man anderswo gern einfach als „schwierig" abstempelt. Dieser Gast ist vielleicht schon zum x-ten Mal bei uns im Hause und erwartet, dass wir uns mit seinen Bedürfnissen auseinandersetzen. Und dieser Gast will ein kostenfreies Upgrade: Statt des gebuchten Deluxe-Zimmers verlangt er nach einer Business-Suite. „Das kann doch kein Problem darstellen. Für mich als Stammgast können Sie das doch machen! Ich komme in diesem Jahr garantiert noch zehnmal, da produziere ich doch genügend Umsatz …"

Wer sollte hier eine Entscheidung treffen? Und sollte es in Ihrem Unternehmen, wenn ein Kunde sich mit unerwarteten Ansprüchen zu Wort meldet? Wenn das Bauteil zum gleichen Preis plötzlich eine hochwertigere Lackierung bekommen soll oder wenn der Code für den Web-Shop ein zusätzliches Plug-in integrieren soll, von dem bisher keine Rede war?

In den meisten Unternehmen läuft in so einem Moment – und diese Momente sind garantiert auch bei Ihnen nicht selten – ein Entscheidungsprozess an. Was zunächst schon mal bedeutet, dass der Kunde in diesem Moment der Wahrheit vom Mitarbeiter, dem er gerade gegenübersteht, keine unmittelbare Lösung bekommt. Allein das erzeugt schon Frust, allein das wirkt schon nicht souverän. Ab hier kostet der Prozess, der nun anläuft, das Unternehmen aber auch schlicht und ergreifend Geld, denn ab hier müssen Zeit und Man-Power investiert werden für etwas, das der Mitarbeiter am Kunden sehr oft selbst regeln könnte. Um beim Beispiel zu bleiben: Was wird jetzt in den

meisten Hotels passieren? Die Mitarbeiterin an der Rezeption stößt schon hier an die Grenzen ihrer Entscheidungskompetenzen und greift zum Telefon, um ihren Vorgesetzten anzurufen. Und der muss dann entscheiden, wie mit dem Kunden zu verfahren ist. Vielleicht muss der für sein Upgrade zahlen. Vielleicht bekommt er es einfach so. Vielleicht bekommt er irgendeine andere Vergünstigung oder das Versprechen eines Upgrades in der Zukunft. Höchstwahrscheinlich bekommt er aber nicht genau das, was er will.

Und das muss ihm jetzt wer verklickern und sich mit einem ungehaltenen HWC-Gast ein Tänzchen liefern? Die Mitarbeiterin an der Rezeption, die die Entscheidung nicht selbst treffen konnte oder vielmehr: durfte. Was ihre Ausgangsposition für die nachfolgende Diskussion schon mal ziemlich schlecht aussehen lässt, denn von Augenhöhe kann in diesem Gespräch ja wohl keine Rede mehr sein. Die Gute wirkt jetzt auf den Gast wie ein Roboter, der nicht viel mehr drauf hat, als ein Anmeldeformular auszufüllen. Sie hat ja schon einräumen müssen, dass sie eigentlich gar nicht die Richtige ist, um sich mit dem Kunden auseinanderzusetzen. Schlimmer noch: Kann sie keine Einigung erzielen (was aus dieser schwachen Position heraus sehr wahrscheinlich ist), steht sie doppelt unter Druck. Sie muss wieder bei ihrem Vorgesetzten anrufen, der wieder einen Vorschlag unterbreiten muss, den sie wieder diskutieren muss ... Wahrscheinlich bekommt sie von beiden Seiten Dampf. Aber einer Lösung sind wir immer noch nicht nähergekommen.

Wer gewinnt bei diesem Prozess? Der Kunde? Sicher nicht. Die Mitarbeiterin an der Rezeption, die nicht selbst entscheiden darf? Verliert mindestens ihr Ansehen bei diesem Gast, vielleicht sogar bei ihrem Vorgesetzten. Der Vorgesetzte? Verliert Zeit und Nerven. Das Unternehmen? Verliert auf ganzer Linie.

Und jetzt stellen wir uns mal vor, wie viel schwieriger das Ganze wird, wenn diese Entscheidung noch durch eine weitere Hierarchiestufe gereicht werden müsste. Das Ergebnis wäre im schlimmsten Fall, dass ich irgendwann als CEO des Hotels selbst an der Rezeption stünde und mich mit dem Gast auseinandersetze. Dabei könnte die Mitarbeiterin, die dort steht, das viel besser als ich, denn sie wurde für diesen Job ausgesucht und geschult.

Und das alles wegen einer kleinen, operativen Entscheidung.

Zugegebenermaßen habe ich diesen Fall zu Demonstrationszwecken ausgereizt. Übertrieben habe ich aber keineswegs. Ich habe das schon mehrfach so erlebt, und zwar von beiden Seiten, als Führungskraft in Grand-Hotels und auch als Gast in Grand-Hotels. Ja, ich bin auch manchmal ein HWC-Gast. Hin und wieder sogar ganz bewusst.

Es gäbe eine ganz einfache Lösung für dieses kleine Alltagsdilemma, das so typisch ist für die Führungskultur im Monkey Business. Auch bei viel komplexeren Problemen, denn das Schema bleibt das gleiche. Wenn diese Situation an unserer Rezeption auftaucht – und glauben Sie mir, das ist keine Seltenheit –, dann wird sie zum Beispiel so gelöst: Der Gast bekommt ein doppeltes Upgrade auf eine Executive Suite. Eine Stufe zahlt er selbst, eine schenken wir ihm. Eine Win-win-Lösung.

Doch mir geht es gar nicht darum, wie die Lösung aussieht, sondern darum, wer sie trifft: nämlich die Mitarbeiterin oder der Mitarbeiter an der Rezeption. Eigenverantwortlich. Der Mitarbeiter am Kunden trifft die Entscheidung. Wann immer das irgendwie möglich ist. Und ich als Führungskraft bleibe schön oben in meinem Büro sitzen, wo ich sowieso selten genug bin, und treffe die Entscheidungen, die *ich* am besten treffen kann.

Aber das klappt nur, wenn sowohl ich als auch die Führungskräfte auf der mittleren Ebene als auch die Mitarbeiterin am Kunden in ihrem Verantwortungsbereich autonom entscheiden können.

Entscheidungsfreiheit
ist
UNTEILBAR.

Damals in Dresden konnte von einer solchen Entscheidungskultur keine Rede sein. Da konnte ich nicht einmal als Gastronomie-Direktor grundlegende Entscheidungen selbst treffen. Darunter habe ich massiv gelitten.

Dort habe ich die Konsenskultur hassen gelernt. Weil sie nicht funktioniert. Nicht, wenn Sie Ihren Gästen außergewöhnlichen Service oder außergewöhnliche Produkte bieten wollen. In Ihrem Unternehmen ist das gewiss ganz genauso: Wenn Sie den Kunden aus den Socken hauen wollen, dann müssen Sie schneller werden. Flexibel. Persönlich. Handlungsfähig, jederzeit, immer und überall. Egal, was Sie machen, ob Sie Hotelier sind oder Schrauben verkaufen.

Wie geht es Ihnen? Wie oft kommen Sie zu dem Schluss, dass Sie Ihrem Kunden besser dienen könnten, wenn die Entscheidungsbefugnisse anders verteilt und die Prozesse anders aufgestellt werden? Und haben Sie diese Frage schon einmal Ihren Mitarbeitern gestellt?

Schnelle, persönliche Lösungen sind nur umsetzbar, wenn sie nicht erst durch die Hierarchiestufen hindurch debattiert werden müssen. Nahe am Kunden kann ein Mitarbeiter nur sein, wenn er selbst operative Entscheidungen treffen kann. Wenn er auf die Bedürfnisse des Kunden eingehen kann.

DIE UMVERTEILUNG DER ENTSCHEIDUNGSMACHT

In den letzten Jahren ist die Forderung laut geworden, Mitarbeiter müssten mehr wie Mitunternehmer denken. Eine nachvollziehbare Forderung – aus Sicht des Unternehmers. Nur leider schrecken die meisten Unternehmer und die meisten Führungskräfte davor zurück, aus dieser Überlegung auch Konsequenzen für die Führungskultur zu ziehen. Das würde nämlich bedeuten, dass die Corporate Monkeys auf allen Führungsebenen einen Teil ihrer Entscheidungsmacht abgeben müssten. An, oh Graus, die Mitarbeiter. Oder – noch schlimmer – an die Führungsebene unter ihnen. Um dieser logischen Konsequenz auszuweichen, werden stattdessen allerlei Kammerstücke aufgeführt. Nichts gegen Maßnahmen, um die Motivation zu erhöhen – auch das ist ein wichtiger Teil von Führungskultur, und auch das wird in diesem Buch noch Thema sein. Motivation kann aber keine strukturellen Mängel ausgleichen. Genau dafür werden derartige Maßnahmen gern missbraucht: Gib ihnen ein gutes Gefühl, dann schlucken sie die nächste Kröte mit einem Lächeln.

Teambuilding-Maßnahmen zum Beispiel können das Arbeitsklima verbessern und damit die Produktivität steigern. Was sie nicht können, ist, Abteilungen und deren Arbeitsabläufe verbessern, also operative Veränderungen ersetzen, wie mancher Veranstalter am Markt für Teambuilding-Maßnahmen das in seiner Kommunikation schon mal darstellt. Den Zusammenhalt und die Kommunikation zu verbessern, ist oft eine sinnvolle Maßnahme; ohne damit einhergehende Anpassungen des operativen Vorgehens ist das aber nichts als Kosmetik für die Produktivität und vor allem für die Kundenbegeisterung.

Wir können nicht von Mitarbeitern erwarten, dass sie Unternehmergeist zeigen, und ihnen gleichzeitig keine Befugnisse übertragen. Wir können ihnen nicht die Verantwortung des Unternehmers überstülpen und ihnen dabei sämtliche Freiheiten des Unternehmers vorenthalten. Das geht nicht. Wenn Sie wollen, dass Ihre Mitarbeiter sich unternehmerisch verhalten, dann bleibt Ihnen nichts anderes übrig, als ihnen auch den nötigen Handlungsspielraum zu geben.

„Die Freiheit ist unteilbar", hat John F. Kennedy am 26. Juni 1963 vor dem Schöneberger Rathaus in Berlin gesagt. Als Deutschland geteilt war. In derselben Rede, in der er sagte: „Ich bin ein Berliner." Ich finde: Erst in Kombination entfalten die beiden Zitate, von denen nur das eine so richtig berühmt wurde, ihre volle Wirkung.

„Die Freiheit ist unteilbar, und wenn auch nur einer versklavt ist, dann sind alle nicht frei. Aber wenn der Tag gekommen sein wird, an dem alle die Freiheit haben und Ihre Stadt und Ihr Land wieder vereint sind, wenn Europa geeint ist und Bestandteil eines friedvollen und zu höchsten Hoffnungen berechtigten Erdteiles, dann, wenn dieser Tag gekommen sein wird, können Sie mit Befriedigung von sich sagen, dass die Berliner und diese Stadt Berlin 20 Jahre die Front gehalten haben. Alle freien Menschen, wo immer sie leben mögen, sind Bürger dieser Stadt West-Berlin, und deshalb bin ich als freier Mann stolz darauf, sagen zu können: Ich bin ein Berliner."

Der Präsident fand mit diesen Worten deshalb so großen Anklang, weil er eine Einheit herstellte, ein Wir-Gefühl. Er sprach von einer größeren Mission, in der alle freien Menschen vereint sind – einem Projekt, bei dem alle Beteiligten gleich sind. So baut man Motivation auf: indem man einer gemeinsamen Mission auch eine gemeinsame Handlungsgrundlage gibt.

Das ist der Weg, wenn es gilt, etwas Außergewöhnliches zu schaffen. Wenn wir eine Unternehmenskultur wollen, die Spielräume für Excellence lässt, dann gibt es gar keine andere Option, als dass diese Kultur für alle gilt. Nicht nur für die Teppich-Etage. Entscheidungen können kein Führungsprivileg sein.

Genauso wie die Verantwortung. Wenn wir die Verantwortung innerhalb der Führung und bei der Mitarbeiterführung aufteilen wollen, dann gibt es keinen anderen Weg, als auch die Freiheit aufzuteilen. Und das bedeutet zuerst: die Entscheidungsmacht verteilen. *Ein Mitarbeiter, der keine Entscheidungen treffen kann, der kann auch keine Kunden begeistern!* Und wissen Sie was: Das ist ganz nebenbei eine richtig gute Strategie zur Personalentwicklung. Diejenigen, die nur die Freiheiten wollen, aber nicht die Verantwortung – die Corporate Monkeys also –, entlarven sich mit wachsender Entscheidungsmacht ganz schnell selbst. Sie werden an den entscheidenden Schnittpunkten von Unternehmensinteressen und Eigeninteressen nämlich gerade nicht unternehmerisch entscheiden, sondern ihre Macht ausnutzen und Entscheidungen treffen, die vor allem ihnen selbst nützen.

DIE EINSAMKEIT
DES ENTSCHEIDERS

Auch mit einer weiteren Überzeugung, die sich organisch in das Prinzip der geteilten Freiheit bei geteilter Verantwortung fügt, stand ich im Laufe meiner Engagements in großen Konzernen oft allein da. Ich glaube nämlich: Führung darf keine einsame Veranstaltung sein, aber:

EINSAME
Entscheidungen sind oft die
BESTEN.

Diese Erkenntnis ist aus dem Erleben vieler Entscheidungsrunden geboren, die alles Mögliche gezeitigt haben: Langeweile, Egotrips, erhöhter CO_2-Ausstoß im Konferenzraum, nur keine brauchbaren Entscheidungen.

Wo viele mitreden, kommt meistens am wenigsten raus, oder? Am Ende vieler Meetings steht irgendeine halb gare Lösung, die obendrein auch noch ewig dauert. Je höher die Führungsebene, desto häufiger und ergebnisärmer die Versammlungen. Und je mehr Stufen eine Entscheidung durchlaufen hat, je mehr Arbeitszeit in Form von Meetings ihr geopfert wurde, desto weniger Sinn macht sie am Ende in aller Regel für den Kunden.

Denn je länger wir über Entscheidungen reden und je mehr „Entscheider" wir einbeziehen, desto weniger geht es um den eigentlichen Sachverhalt. Stattdessen geht es um irgendwelche starren Richtlinien, Prozesse und Abläufe. Und was da nicht reinpasst, fällt durchs Raster. Außergewöhnliche Kundenwünsche zum Beispiel.

Für diese Form der sogenannten Entscheidungsfindung, für die wir mit steigender Führungsebene einen wachsenden Teil unserer Zeit verwenden, gibt es inzwischen ein schönes Wort: Schwarmdummheit.

Viele Meeting-Räume sind Brutstätten der
SCHWARM-
DUMMHEIT.

Deshalb bin ich ein Verfechter einsamer Entscheidungen. Zuerst mag das paradox klingen von einem, der sich gerade für eine Umverteilung der Entscheidungsmacht ausgesprochen hat. Doch wenn die Entscheidungsbefugnisse jeder Führungskraft und jedes Mitarbeiters klar umrissen sind, dann teilen wir auch die Einsamkeit des Entscheiders miteinander. Und für diese Einsamkeit gibt es ebenfalls ein treffendes Wort, das uns im Folgenden noch häufiger begegnen wird: Verantwortung.

Verantwortung bringt ein gewisses Maß an Einsamkeit mit sich. Jede Führungskraft weiß das aus eigenem Erleben. André Lüthi, seines Zeichens Travel Ambassador und so etwas wie der Richard Branson der Schweiz, also ein echter Parade-Unternehmer, schrieb mir kürzlich: „Führen heißt oft allein sein. Darauf wird man nirgends vorbereitet. Leider." Mich hat das sehr berührt, weil ich André schon lange kenne und weiß, mit welcher Leidenschaft er für seine Ziele kämpft. Ein starker Leader, der ganz intensives Teamwork betreibt – und der fühlt sich allein?

Seiner Botschaft hängte er ein Bild von sich an. Es war bei seiner Expedition zum Nordpol entstanden. Auf dem Bild ist er allein inmitten der Eismassen zu sehen. So einsam, wie er sich bei dieser monströsen Herausforderung fühlte. Obwohl Freunde dabei waren. Ein Sinnbild für die Einsamkeit des Leaders.

Erst durch das Bild verstand ich wirklich, was André meinte: Je mächtiger, also befugter wir sind, desto einsamer werden wir. Und je einsamer wir eine Entscheidung treffen, desto verantwortungsvoller treffen wir sie. Das ist ein ambivalenter Aspekt von Führung, der nicht immer nur schön ist. Doch da sich Verantwortung nicht delegieren lässt, gehört er zu den unverrückbaren Seiten des Führungsalltags: Einsam sein heißt selbstverantwortlich handeln und entscheiden. Ich bin der festen Überzeugung, dass diese Einsamkeit, die ja keine soziale ist, sondern nur eine philosophische, den Entscheider sogar erdet. Sie macht ihn nicht etwa asozialer, sondern vielmehr zu einem besseren Leader.

Diese Einsamkeit zu spüren, ist ein Teil des Lernprozesses jeder Führungskraft und jedes Mitarbeiters, wenn er mit einem Mehr an Entscheidungsbefugnissen – und damit auch einem Mehr an Verantwortung – ausgestattet wird. Und das ist notwendig. Denn jetzt kommt der Knackpunkt, warum die Umverteilung der Entscheidungsmacht so wichtig ist: Sie können als Führungskraft nicht alles entscheiden. Genau die Situatio-

nen, in denen es auf eine schnelle, pragmatische Lösung ankommt, sind genau die, die beim Kunden zählen. Wer auch immer in diesem Moment am Drücker ist, muss die Verantwortung spüren, dass in diesem Moment der Wahrheit alles von seiner Entscheidung abhängt. Ein gefühlter Mitunternehmer wird in so einer Situation aufblühen. Ein Corporate Monkey wird unter der Last der Verantwortung zusammenbrechen. Denn wer einsam entscheiden darf, kann die Verantwortung nirgendwohin delegieren.

Wenn ich an der Hotelrezeption stehe und mein Ladegerät vergessen habe, was will ich dann? Ich will nicht, dass die Rezeptionistin ihren Vorgesetzten fragt, der seinen Vorgesetzten fragt. Und ganz besonders will ich nicht, dass die Rezeptionistin mich wissen lässt, dass sie mir leider nicht helfen kann. Weil sie nicht die Befugnis hat. Ich will mein Handy laden, verdammt noch mal. Keinen Grundkurs in schlechter Führung. Wenn Ihr Kunde anruft und eine schnelle Lösung braucht, dann steht alles auf dem Spiel. Wenn er mit jemandem spricht, der nichts entscheiden kann, verpassen Sie einen Moment der Wahrheit. Eine wichtige Chance. Und genau diese kleinen Momente entscheiden über die Kundenzufriedenheit.

Und dann ist der Punkt erreicht, an dem die Einsamkeit tatsächlich in Motivation umschlägt: Wenn der Mitarbeiter jetzt die richtige Entscheidung trifft – und das tut er, richtig geschult und vorbereitet, in 95 Prozent der Fälle –, dann ist die Kundenzufriedenheit in diesem Moment sein Erfolg und sein Erfolg der Erfolg des Unternehmens.

Das ist Motivation. Und erzeugt wurde sie durch Freiheit. Durch die Freiheit zu entscheiden. Wer einsam entscheidet – innerhalb eines durch die Führung klar gesetzten Verantwortungsbereichs –, darf auch den Erfolg für sich in Anspruch nehmen. Und das erzeugt eben keinen Ego-Trip. Der entsteht immer aus einem Mangel heraus, immer aus dem Bedürfnis der Bestandswahrung und einem Machtanspruch. Und dies hat nur, wer keine Macht hat, wer sich „ohn-mächtig" fühlt. Wer den Erfolg der eigenen Entscheidung dagegen genießen darf, der empfindet kein Defizit, sondern Verbundenheit.

So entsteht Mitarbeiterzufriedenheit. Nicht indem wir einmal im Jahr vom Thron heruntersteigen und mit den Mitarbeitern zum Rafting fahren. Und so entsteht auch: Kundenbegeisterung. Nicht, indem wir versuchen, Prozesse für alle möglichen Entscheidungen in Meetings zu verabschieden, die in der Realität am Kunden dann doch nie zum Tragen kommen.

Deshalb bin ich überzeugt: Ein schlagkräftiges Unternehmen besteht nicht aus Entscheidern auf der einen und Mitarbeitern auf der anderen Seite. Ein schlagkräftiges Unternehmen besteht aus lauter Entscheidern, die alle auf eine gemeinsame Mission hinarbeiten. Nämlich auf begeisterte Kunden. Das kann ich sein, wenn ich mein Handy laden will. Oder Sie, wenn Sie Ihren Lieblings-Whisky wollen. Oder Ihr Kunde, der sich eine andere Lackierung wünscht. So eine Kleinigkeit, aber so eine große Chance.

Die Einsamkeit des Entscheiders ist eine unvermeidliche Nebenwirkung von Verantwortung. Ob sie sich produktiv oder destruktiv auswirkt, ist allein eine Frage des Ermächtigungsgrads.

Die Einsamkeit des Ermächtigten ist produktiv. Die Einsamkeit des Ohnmächtigen ist destruktiv.

ENTSCHEIDEN IN DER PRAXIS: FREIHEIT SCHLÄGT GELD

Ein häufiger Einwand gegen eine Kultur der unabhängigen Entscheidungen ist: Wer soll das bezahlen? Schließlich könnte der Mitarbeiter Kosten verursachen, weil er die Folgen seiner Entscheidung gar nicht überblickt.

Doch bei der Frage, ob wir unsere Führungskräfte durch größere Entscheidungs- und Handlungsfreiheit ermächtigen oder nicht, geht es gar nicht in erster Linie um Geld. Unternehmer, die nur in dieser Dimension denken, stehen sich selbst im Weg. Unternehmer, die den Mut zur Umverteilung der operativen Macht aufbringen, können dagegen flexibler auf Herausforderungen reagieren – und sparen dadurch in aller Regel noch Geld, weil sie ihre Inhouse-Ressourcen besser nutzen oder überhaupt erst freilegen.

Den Unterschied verdeutlicht folgende Geschichte über das typisch amerikanische Modell des Managements, die ich im Internet fand.

Das Bootsrennen

Eine japanische und eine amerikanische Firma treten in einem Bootsrennen gegeneinander an. Beide Teams trainieren wie besessen, um beim Rennen ihre Bestleistung zu zeigen.

Als es so weit ist, gewinnen die Japaner mit einer Meile Vorsprung. Die Amerikaner sind am Boden zerstört. Sie leiten sofort eine Untersuchung ein, um die Gründe für ihren Untergang zu analysieren. Ein Team von Senior-Managern wird gebildet, um die Untersuchung zu leiten und Maßnahmen vorzuschlagen. Sie kommen zu dem Schluss, dass die Japaner acht Ruderer und einen Steuermann hatten, während die Amerikaner acht Steuermänner und einen Ruderer hatten.

Also heuern die Amerikaner eine Unternehmensberatung an. Sie bezahlen viel Geld für eine zweite Meinung. Die Unternehmensberatung kommt zu dem Schluss, dass zu viele Leute das amerikanische Boot gesteuert und zu wenige gerudert haben.

Um eine weitere Niederlage gegen die Japaner zu verhindern, wird das amerikanische Ruderteam umgebaut: in vier Steuer-Supervisors, drei regionale Steuer-Superintendents und einen Assistant-Steuer-Manager. Außerdem wird ein leistungsorientiertes Vergütungssystem eingeführt. Es bietet dem einen Ruderer höhere Incentives, damit er härter arbeitet. Das Programm bekommt den Titel „1. Ruderteam-Qualitätsoffensive". Meetings und Dinners werden veranstaltet, und der Ruderer bekommt Gratis-Kugelschreiber. Bei den Zusammenkünften wird über neue Paddel, Kanus, zusätzliche Urlaubstage fürs Training und Boni diskutiert.

Im nächsten Jahr gewinnen die Japaner mit zwei Meilen Vorsprung. Gedemütigt schmeißen die Amerikaner den Ruderer wegen schlechter Leistungen raus. Sie stoppen die Entwicklung eines neuen Kanus. Sie verkaufen die Paddel und frieren alle Kapitalinvestitionen in neues Equipment ein. Das eingesparte Geld wird als Boni an die Senior-Manager verteilt. Und das Ruderteam fürs nächste Jahr wird nach Indien outgesourct.

So läuft das in unfreien Unternehmen, wo Entscheidungen ein Führungsprivileg sind. Wenn ein Unternehmen vor lauter Navigation nicht mehr zum Rudern kommt, dann wird der Kahn früher oder später auf Grund laufen. Weil er vor lauter Untätigkeit einfach von der Strömung mitgerissen wird.

Sie brauchen nicht acht Leute, um zu entscheiden, wo Norden ist. Sie brauchen acht Leute, die rudern können. Mit anderen Worten: Ihre Mitarbeiter müssen handlungsfähig sein. Und dafür brauchen sie Entscheidungsfreiheit. Unsere Aufgabe als Leader besteht nicht darin, Entscheidungen zu treffen, die andere besser treffen können, sondern darin, jedem Mitarbeiter einen klaren Rahmen für eigene Entscheidungen zur Verfügung zu stellen.

Im Rahmen einer Managementberatung haben wir für die Hotels von Kameha Grand, deren Gründer und Gesellschafter ich bin, überlegt, wie wir das anstellen könnten. Und dann haben wir die Entscheidungsfindung neu durchdacht, nachdem wir festgestellt haben: *Die üblichen Entscheidungsprozesse gehören vom Kopf auf die Füße gestellt.* Also bekommt jeder Mitarbeiter, und zwar vom Abteilungsleiter bis zum Auszubildenden, drei Dinge, um seinen Gast glücklich zu machen.

Drei Führungsgeschenke an unsere Mitarbeiter

- Entscheidungsfreiheit: Du entscheidest, was der Kunde in diesem Moment braucht – alles, um ihn glücklich zu machen!
- Sicherheit: Dir passiert nichts, wenn du deine Freiheit für den Kunden nutzt!
- Finanzieller Spielraum: Du hast die Mittel dazu – bis zu einer vierstelligen Summe pro Anlass – zur freien Verfügung.

Stellt sich natürlich die Frage: Schießen Mitarbeiter übers Ziel hinaus, wenn ihnen die Kundenbegeisterung als Orientierungspunkt gesetzt wird, oder denken sie auch ans Unternehmen? Wurde dieser Rahmen bei uns schon einmal ausgeschöpft? Noch nie vollständig, nein. Denn um die Kosten geht es gar nicht. Der Rahmen dient vor allem einem Zweck: den einzelnen Mitarbeiter von seinen Fesseln zu befreien und handlungsfähig zu machen. Und genau so versteht er den Auftrag auch: Er weiß, er hat die Freiheit zu tun, was er für richtig hält. Und er weiß auch, dass es dabei in den wenigsten Fällen um Geld geht, sondern darum, dass der Kunde sich aufgefangen fühlt.

Sie glauben gar nicht, wie motivierend das wirkt. Sehr viele Gäste haben wir allein dadurch glücklich gemacht, dass ihr Ansprechpartner auf der Stelle eine Lösung für sie hatte. Dass er von Angesicht zu Angesicht sagen konnte: „Ich kümmere mich darum. Ich erledige das für Sie. Ich bin für Sie da." Das ist es nämlich, was der Kunde in diesem Moment der Wahrheit will. Nur das. Braucht der HWC-Kunde mit dem Upgrade-Wunsch wirklich eine Suite? Nein, er würde auch im Deluxe-Zimmer gut schlafen. Er braucht die Sicherheit, dass wir uns gut um ihn kümmern und seine Wünsche ernst nehmen. Und genau die versagen wir ihm, wenn die Mitarbeiterin an der Rezeption ihn in der Luft hängen lassen muss. Das alles funktioniert natürlich nur, wenn wir als Leader frei sind. Wenn wir keine Schranken im Kopf haben. Das alles beruht nämlich auf Vertrauen. Vertrauen gibt Freiheit.

Viele Jahre nach meinem Engagement in Dresden ist mir klar geworden, warum ich mich damals so eingeschränkt gefühlt habe. Warum auch ich damals so mittelmäßig geführt habe. Und warum ich als Führungskraft so gelitten habe. Nicht, weil ich so ein stolzes Alphatier gewesen wäre und *alles* selbst hätte entscheiden wollen, sondern weil ich nicht handlungsfähig war. Nicht, weil ich nicht allein entscheiden durfte. Sondern weil beim Konsensieren zu wenig rumkam. Weil die Entscheidungsmacht falsch verteilt war und das Potenzial des Unternehmens an allen Ecken und Enden von hausgemachten Barrieren ausgebremst wurde, die letztlich nur eines bedienten: Eitelkeiten.

Ich war gefangen im Monkey Business. Ein COMO eben.

Heute glaube ich, dass Entscheidungen nicht den Alphatieren und auch nicht den Betatieren vorbehalten sein dürfen. Egal, wo jemand im griechischen Alphabet verortet ist: Jeder muss in seinem Verantwortungsbereich entscheiden können. Auch die Gamma- und die Omega-Tiere. Die sind in der Regel nämlich an den Touchpoints beim Kunden. In Ihrem Unternehmen bestimmt auch. Denken Sie mal darüber nach. Es geht eben nicht nur in den Meetings der Vorstände um alles. Nicht nur in Zielsetzungsgesprächen. Nicht nur beim Rafting einmal im Jahr. Sondern jedes Mal, wenn Ihr Kunde anruft. Jedes Mal, wenn eine Führungskraft vor ihrem Team steht, oder vielmehr: sich vor ihr Team stellt. Und jedes Mal, wenn einer Ihrer Mitarbeiter Kontakt mit einem Kunden hat oder einem potenziellen Kunden oder auch nur mit einem anderen Mitarbeiter.

ES GEHT IMMER UM
ALLES.

MOTIVATION: DER WILLE ZU ENTSCHEIDEN

Natürlich stoßen wir bei der Ermächtigung der Führungskräfte und Mitarbeiter zu Entscheidern unweigerlich auf eine Herausforderung. Oder vielmehr auf zwei. Die eine sind die Corporate Monkeys aus Überzeugung, die gar nicht entscheiden wollen, sondern sich schadlos halten. Sie werden das Spiel des Unternehmers, das jenes Maß an Einsamkeit und eine gewisse Risikobereitschaft als Einsatz fordert, nicht mitspielen wollen. Ein Problem, das sich leicht lösen lässt, oder? Wer nicht das Zeug zum Entscheider hat, sollte auch nicht entscheiden dürfen. Wer die Verantwortung nicht will, darf auch keine Macht bekommen. Und schon gar keinen Kundenkontakt.

Die andere Herausforderung dagegen ist einmal mehr eine Frage der Motivation: Viele Führungskräfte und Mitarbeiter wollen durchaus Mitgestalter sein und haben das Zeug dazu, aber sie trauen sich nicht. Auch die Monkeys, die durch ihre Führungskräfte zu dem gemacht wurden, was sie sind. Das Monkey Business hat ihnen die Eigeninitiative abgewöhnt. Menschen, denen ihr Arbeitsleben lang – oder auch nur einige Monate – die Leidenschaft und der Teamgeist abtrainiert worden sind, müssen erst wieder angezündet werden. Denn solange sie nicht wissen, *wozu* sie entscheiden sollen, können sie keine adäquaten Entscheidungen treffen.

Was aber macht den Unterschied zwischen einem COMO und einem begeisterten Mitunternehmer? Was ist nötig, damit aus dem einen der andere wird?

Die Geschichte von Sean Fitzpatrick hat mir diesen Unterschied vor Augen geführt. Vermutlich kennen Sie ihn nicht, es sei denn, Sie stehen auf Rugby. Sean Fitzpatrick ist ein begnadeter Sportler. Er war einmal Kapitän bei den All Blacks. Das ist die neuseeländische Rugby-Nationalmannschaft, der Stolz der Nation. Aber nicht nur das. Die All Blacks gelten als die beste Sportmannschaft der Welt. Das beste Team überhaupt!

Diese Mannschaft gewinnt 84 Prozent aller Spiele. Damit liegen sie statistisch noch vor der brasilianischen Fußball-Nationalmannschaft mit 72 Prozent. Die All Blacks haben gegen jeden bisherigen Gegner eine positive Bilanz und führen quasi dauerhaft die Weltrangliste an.

Keine Überraschung, dass eine solche Mannschaft ein starkes Motivationsritual hat. Vor jedem ihrer Spiele tanzen sie den Haka, einen traditionellen Ritualtanz der Maori. Eine martialische Veranstaltung begleitet von angsteinflößenden Lauten und einer Mimik, die Albträume verursachen kann. Damit machen die All Blacks klar: Wenn wir spielen, dann um zu gewinnen. Wir sind die beste Mannschaft der Welt. Bei uns geht es immer um alles.

Sean Fitzpatrick ist sogar in diesem Team, das als lauter Rugby-Helden besteht, eine Legende. Er verkörpert die All Blacks wie kein Zweiter. Und es gibt eine schöne Geschichte darüber, wie es dazu gekommen ist, dass ihm dieser Spirit des „Es geht immer um alles" eingepflanzt wurde. Als er sie mir in Zürich beim Laureus Award 2015 erzählt hat, habe ich eine Gänsehaut bekommen.

Vor seinem ersten Spiel für die All Blacks ist Sean in der Kabine gerade dabei, sich sein Trikot zum allerersten Mal überzuziehen. Da kommt der Trainer in die Kabine gestürmt und brüllt: „Stopp!!!" Sean bekommt es mit der Angst zu tun. Er denkt: „Ach du Schande, was ist denn jetzt los? Der wird es sich doch nicht anders überlegt haben? Darf ich nicht spielen? Bin ich draußen?"

Und dann sagt der Trainer zu ihm: „Sean, das ist das Trikot der All Blacks. Du ziehst es gerade zum ersten Mal an. Schau es dir an. Schau es dir ganz genau an. Schau mal, hier ist das Logo der All Blacks. Hier ist die neuseeländische Flagge. Und dieses Trikot ist jetzt dein Trikot. Du bist jetzt ein Teil der All Blacks. Du spielst für Neuseeland. Für die beste Mannschaft der Welt. Ich will, dass du diesen besonderen Moment, in dem du dieses Trikot zum ersten Mal überstreifst, für immer in deinem Herzen behältst. Ich will, dass du dich jedes Mal an dieses Gefühl erinnerst, wenn du trainierst, wenn du mit uns isst, wenn du zum Spiel auf den Platz gehst. Wie es ist und was es bedeutet, dieses Trikot zu tragen. Bei! Jedem! Einzelnen! Spiel!"

Sie können sich vorstellen, mit welchem Gefühl Sean danach auf den Platz gegangen ist. Das ist der Spirit von „Es geht immer um alles", den ich meine. Wenn Ihre Mitarbeiter morgens ihre Uniform überstreifen oder ihr Namensschild anlegen oder sich an ihren Schreibtisch setzen, dann ziehen sie sich diesen Spirit an. Das ist das Ziel. Dass sie sich immer wieder an diesen Moment erinnern, an dieses allererste Mal. Dass dieser Moment des Stolzes, der Zugehörigkeit zu Ihrem Unternehmen, des absoluten Willens zum Erfolg, zur bedingungslosen Kundenbegeisterung immer wieder abrufbar ist.

Und was können Sie als Teamleiter, Abteilungsleiter, Unternehmer dafür tun? Nachdem klar ist, wozu Mitarbeiter imstande sind, wenn sie nur ermächtigt werden – wie können wir sie durch Leadership dabei unterstützen? Wie können sie auch ohne unmittelbare Anweisung und Kontrolle das Richtige tun? Ich bin davon überzeugt:

Es ist nicht wichtig, WAS PASSIERT, wenn Sie als Führungskraft da sind, sondern was geschieht, WENN SIE NICHT DA SIND.

Die Antwort erwächst aus der Betrachtung, was theoretisch schiefgehen kann: Schlechte Kundenerfahrungen sind das Ergebnis eines Teufelskreises. Und der geht so: Wer nicht entscheiden darf, kann keine Verantwortung übernehmen. Wer keine Verantwortung übernimmt, kann keine Fehler machen. Wer keine Fehler macht, kann nicht besser werden.

Mitarbeiter lernen nicht aus FREMDverantworteten Fehlentscheidungen, sondern nur aus SELBSTverantworteten.

VERANTWORTUNG: DAS ZEUG ZUM ENTSCHEIDER

Führung kann Gegensätze vereinen. Laut dem Führungscoach Klaus Eidenschink liegt darin sogar ihr Wesen: Freiheit (Möglichkeiten) und Zwang (Entscheidungen) sind keine Gegensätze. Vielmehr bedingen sie einander. Er sagt: „Die Art und Weise, wie Menschen sich in diesem paradoxen Feld bewegen, kann man Führung nennen." „Deshalb", so Eidenschink weiter, „braucht es Menschen, die demütig genug sind, Dinge mitzutragen, die sie falsch finden und selbst anders gemacht hätten. Es braucht Menschen, die, wenn sich die Schattenseiten einer bestimmten Entscheidung zeigen, nicht an der Entscheidung zweifeln oder Schuldige suchen. Und es braucht Menschen, die beziehungserhaltend in einer Welt voller Brüche und Gegensätze streiten können."[1]

Ich glaube, dass diese Beschreibung eines nicht heroischen, sondern integrativen und empathischen, aber auch entscheidungsfreudigen und reibungsfreudigen Leaders auf eine Haltung hinausläuft, die all diese Widersprüche zu integrieren in der Lage ist: *Verantwortung. Sie hebt den gefühlten Widerspruch zwischen Freiheit und Führung auf.*

Ohne Verantwortung ist Freiheit nicht zu haben. Ohne Verantwortung fehlt die Vertrauensbasis. Darauf aber beruht ein freiheitlicher Führungsstil. Wenn die Verantwortung fehlt, dann kann alles Bisherige als Ausrede missbraucht werden, wenn etwas schiefgeht. Nach dem Motto: Je mehr Entscheidungen andere treffen, desto weniger Verantwortung trägt die Führung.

Ist ja wunderbar – dann sind wir als Leader aus dem Schneider, oder?

Deshalb ist Verantwortung in jedem freien System so wichtig. Wenn wir Verantwortung spüren, sind wir natürlich nicht aus dem Schneider. Ob die Führungskraft oder der Mitarbeiter, den wir zum Entscheider ermächtigen, seine Rolle verantwortungsvoll ausüben wird, hängt davon ab, welches Beispiel wir ihm vorsetzen.

Wenn wir Entscheidungsstärke vorleben, bekommen wir handlungsfähige Mitarbeiter. Wenn wir nicht mit gutem Beispiel vorangehen, weiß auch der beste Mitarbeiter nicht, woran er sich orientieren soll. Sie brauchen nicht acht Leute, um zu entscheiden, wo

Norden ist, aber einen brauchen Sie schon. Wie der Steuermann im Kanu sollte er vorn sitzen. Damit alle anderen sich an ihm orientieren können, während sie ihren Job machen. Nicht oben, um aus dem Hinterhalt diffuse Ängste zu streuen.

Vor einiger Zeit habe ich eine Episode erlebt, die mich betroffen gemacht hat – weil ich sozusagen die Bühne dafür geliefert habe. Im Umfeld des FIFA-Kongresses in Zürich im Mai 2015 wurde Sepp Blatter zunächst in seinem Amt als FIFA-Präsident bestätigt, um dann unter dem Druck der Öffentlichkeit doch zurückzutreten. Bei diesem Anlass entstanden viele Bilder, die danach durch die Weltpresse gingen. Der Grund: Der Kongress fand unmittelbar nach einer Reihe von Verhaftungen in den Reihen der FIFA-Funktionäre statt – wegen Korruptionsvorwürfen. Was mich an diesen Bildern bedrückt hat: Einige davon entstanden in meinem Hotel im Vorfeld der Wahl. Blatters einziger Konkurrent, Prince Ali of Jordan, hielt seine Rede in unserem großen Saal, dem Kameha Dome. Als wir die Veranstaltung geplant hatten, war die Korruptionsbombe noch nicht geplatzt. Wir waren auf dieses Theater nicht vorbereitet. Und es war wirklich ein Theater, das sich an diesem Tag abspielte: Die Presse zertrümmerte uns buchstäblich die Lobby, um irgendjemanden vor die Kamera zu kriegen. Oben im Saal mussten wir eine Pressekonferenz von ungeahntem Ausmaß improvisieren und gleichzeitig unten die Meute im Zaum halten. Es war also ohnehin schon keiner meiner schöneren Tage als Grand-Hotelier.

Und dann sagte Blatter in meinem Hotel: „Ich weiß, dass viele mich verantwortlich machen. Ich kann aber nicht jeden die ganze Zeit überwachen. Wenn Menschen das Falsche tun wollen, dann wissen sie es auch zu verbergen."

Dieser letzte Satz hat mich betroffen gemacht. In diesem Satz geht es um Leadership, oder vielmehr: darum, wie man es nicht macht. Denn das ist der Punkt, an dem Sepp Blatter sich meiner Meinung nach als Leader aus der Affäre zieht. Wenn Menschen das Falsche tun und damit durchkommen, dann stimmt der Rahmen nicht. Dann herrscht in diesem Verein nicht Freiheit, nicht Leadership, sondern das Monkey Business. Und den Rahmen zu setzen, ist immer noch Sache des Leaders. Er grenzt die Entscheidungsbefugnisse ein, er sucht die Leute aus, er geht mit seinem Beispiel voran. Wenn Blatter der Leader ist, der er zu sein behauptet – und die Bilanzen der FIFA sprechen dafür –, dann wird es in seinem Unternehmen nicht anders gewesen sein. Und deshalb kann er sich nicht aus der Verantwortung ziehen.

DIE ERBEN
DER ALPHATIERE

Die Führungskultur vieler Leader der Old Economy zeichnet sich durch einen ausgeprägten, hegemonialen Machtanspruch aus. Eine solche Idee von Führung unterstützt allerdings ein Klima der Unehrlichkeit und Mauschelei. Das war schon immer eine richtig schlechte Idee, nur kam es früher nicht so leicht ans Licht. Heute ist das Risiko ungleich größer, weil die Transparenz stündlich wächst: Durch die Digitalisierung und das massiv gestiegene Bedürfnis an Transparenz, das sie mit sich bringt, bleibt heute nichts mehr auf Dauer geheim.

Dennoch ist in der Riege der Top-Manager der Typ Alphatier immer noch dominant. Böse Zungen könnten jetzt behaupten: Was dabei rauskommt, sehen wir an Volkswagen und der Deutschen Bank. Oder eben auch am Modell FIFA.

Ja, das unternehmerische Risiko dieser Art zu führen ist heute gigantisch. Ich glaube allerdings, dass es nicht so einfach ist. Meiner Meinung nach ist nicht der Autoritätsanspruch der Alphatiere das Problem, sondern der schleichende Realitätsverlust der Führung innerhalb einer solchen Hegemonie. Ein autoritärer Chef, der am Puls der Mitarbeiter und der Kunden ist, kann Wunder vollbringen – Steve Jobs ist dafür das beste Beispiel. Der Nachteil eines solchen Modells liegt darin, dass eben alles an dieser einen Figur hängt. Ist sie nicht mehr da, steht das Unternehmen vor einem großen Problem.

Bei Apple deutet sich inzwischen ein Rebound an: Die über viele Jahre aufgebauten Erwartungen schlagen jetzt als Enttäuschung auf das Unternehmen zurück. Dabei ist noch gar nichts anderes passiert, als dass Apple mal nicht mehr Umsatz gemacht hat als im Jahr zuvor. Bei Volkswagen und der Deutschen Bank ist die Enttäuschung sogar bereits in einen Vertrauensverlust umgeschlagen, der kaum noch auszugleichen sein wird – denn hier wurden nicht nur Erwartungen enttäuscht, sondern Loyalität.

Chefs, die mit Bezug zur Basis und vor allem zum Kunden entscheiden, dürfen Fehler machen. Autoritäre Halbgötter in Nadelstreifen – nicht. Eine massive Fehlentscheidung kann reichen, und die Ära ist zu Ende. Denn ein Anspruch auf alleinige Macht geht immer mit einer Erwartungshaltung der Unfehlbarkeit einher. Wie ich eingangs schon betont habe: Alphatiere wollen alles entscheiden und müssen das dann auch. Auf Gedeih und Verderb.

Als Gegenmodell zu den Hegemonialherrschern gelten Leader wie der CEO von BMW, Harald Krüger, der als empathischer Chef bezeichnet wird: einer, der zuhören kann, der ein Ohr für die Belegschaft und die Bedürfnisse der Menschen hat. Die Eigenschaften, die ihn auszeichnen, entsprechen denen, die von den Automanagern der Zukunft gefordert werden. Und nicht nur von ihnen. Die Autoindustrie steht, wie praktisch alle Branchen, vor geradezu revolutionären Herausforderungen, die sich natürlich direkt darauf auswirken, was Führung in Zukunft leisten muss: Mit Google, Apple und letztlich auch Tesla stehen neue, oft sogar branchenfremde Herausforderer vor der Tür. Die Digitalisierung krempelt das Geschäftsfeld komplett um – plötzlich gehören Autos zu einem neuen, viel größeren Markt, der Mobilität heißt und mit rasender Geschwindigkeit digitalisiert wird.

Entscheidungen müssen getroffen werden, in der Autobranche und anderswo. Und diese Entscheidungen, die auf die neue Welt gerichtet sind, können nicht mit den Kompetenzen der alten Welt getroffen werden. In der Autobranche, so das Ergebnis einer Befragung unter den weltweit führenden Executives, kommt es zukünftig auf drei Fähigkeiten an: strategische Wendigkeit, die Schaffung einer Innovationskultur und der adäquate Umgang mit permanenter Unsicherheit. Alles Aufgaben, die der Führungskultur der Corporate Monkeys im Kern widersprechen. Sie wollen nicht wendig sein, sondern verharren; nicht erneuern, sondern bewahren; nicht Unsicherheit begrüßen, sondern Sicherheit verwalten.

Und wie lässt sich die Abkehr von diesen Mustern in der Führung abbilden? Wie flößt man einem Unternehmen Wendigkeit, Innovation und Flexibilität ein? Durch die Fähigkeit, andere zu inspirieren und sich in andere Kulturen und Denkmuster einzufühlen, sagen zwei Drittel der befragten Top-Manager.

Ein empathischer Leader kann nicht nur BILANZEN lesen, sondern auch MENSCHEN.

An diesem Punkt kommen wir einer Antwort auf die Frage näher, woran man vielleicht doch einen guten Leader erkennen kann. Einen, der nicht nur die richtigen Entscheidungen trifft, sondern als Vorbild für Entscheidungsfreude steht. Jim Collins hat für sein Buch *From Good to Great* ermittelt, wodurch sich die Lenker von Unternehmen, die langfristig überdurchschnittlich wachsen, auszeichnen. Das Ergebnis der Langzeituntersuchung offenbarte zwei zentrale Eigenschaften erfolgreicher Leader:

- persönliche Bescheidenheit
- professioneller Wille

Beides sind Attribute, die ein Corporate Monkey vermissen lässt. Er hat zwar sehr wohl einen starken Willen, aber der ist auf eigennützige Motive gerichtet, nämlich die Kokosnuss. Und Bescheidenheit ist bei macht- und statusorientierten Mitläufern generell Fehlanzeige.

Die Forderung nach empathischen Leadern ist auch eine Konsequenz einer Arbeitswelt, die sich im Wandel befindet. Die klassischen Alphatiere mit ihrem Anspruch, alles und jeden zu kontrollieren, werden es in einer zunehmend durchdigitalisierten und agilen Arbeitswelt schwer haben. Heute fließen viel mehr Informationen als früher. Allein durch vermeintliches Exklusivwissen kann ich mich heute als Führungskraft nicht mehr profilieren. Mein Sohn David braucht schon als Teenager oft nur fünf Minuten, um Dinge über jemanden in Erfahrung zu bringen, nach denen ich früher manchmal monatelang forschen musste. Mit ihrem Anspruch auf Exklusivwissen können die Alphatiere heute nur noch selten punkten. Und sie geraten auch deshalb in Bedrängnis, weil die Märkte sich nicht mehr über Jahre hinweg durch langfristiges

Taktieren manipulieren lassen. Mit der Zugänglichkeit von Daten werden auch die Unternehmen transparenter – und damit ihre Kultur. Der Fall VW zeigt, was dabei ans Licht kommen kann.

Viel schwerer wiegt jedoch die Feststellung, die Eberhard Hübbe für *Capital* formuliert hat: „Viele Alphatier-Führungskräfte haben auf ihrem Weg durch die Instanzen den inhaltlichen Gestaltungswillen verloren."[2] Stattdessen sind sie mit dem eigenen Macht-erhalt beschäftigt. Wer sich permanent intern absichern muss, kann nicht nach außen produktiv sein. Das eine schließt das andere aus.

Führungskräfte, die den Unternehmenserfolg vor den eigenen stellen und mit einem inhaltlichen Anspruch an ihre Arbeit herangehen, legen ihren Schwerpunkt auf inhaltliche Substanz. Sie strecken sich nach der Marktführerschaft, nicht nach der persönlichen Kokosnuss. Deshalb sind sie in der Lage, andere zu überzeugen, mitzunehmen – zu inspirieren.

Und diese Haltung wirkt sich direkt darauf aus, wie diese Leader führen. Eine Führungskraft, die durch fachliche Substanz zu überzeugen weiß, hat es nicht nötig, hegemonial durchzuregieren. Sie kann stattdessen auf Begeisterung und freiwillige Gefolgschaft für ihre inhaltliche Linie setzen. Sie kann darauf vertrauen, dass die Mitarbeiter ihre Entscheidungen mittragen – und ihrerseits die richtigen Entscheidungen treffen.

Mit anderen Worten: Sie muss nicht mit Druck regieren und ihren Führungsstil auf Anweisung und Gehorsam gründen. Stattdessen kann sie Führung als motivierte Gruppendynamik verstehen – den sprichwörtlichen „gleichen Strang", an dem alle ziehen. Nur eine Gefolgschaft auf der Sachebene sorgt für Unabhängigkeit auf der Beziehungsebene.

Führung im Zeichen der Freiheit:
VERBINDLICHKEIT
auf der Sachebene,
UNABHÄNGIGKEIT
auf der Beziehungsebene.

Nur eine Beziehung, in der Unabhängigkeit herrscht, ist eine belastbare Beziehung, die auch Fehler und Kontroversen zulässt. Ein solches Verständnis von Führung erzeugt Glaubwürdigkeit. Und nur eine glaubwürdige Führungskraft kann glaubwürdige Entscheidungen treffen.

In Phasen dramatischen Wandels ist das vielleicht die wichtigste Eigenschaft, die ein Leader mitbringen muss. Die Digitalisierung stellt praktisch alle Geschäftsfelder vor Herausforderungen, die Agilität und vor allem großen unternehmerischen Mut erfordern. Ein Leader wie Harald Krüger kann die dramatischen Veränderungen, die die

Digitalisierung und die Umwälzungen in der Mobilitätsbranche erforderlich machen, glaubwürdig vertreten. Sein Plan für die Zukunftsfähigkeit des Traditionsunternehmens BMW beinhaltet nicht weniger als eine vollständige Transformation des Autoherstellers in einen digitalisierten Mobilitätskonzern, der sein Kerngeschäft weit über den Verkauf von Autos hinaus erweitert. Weil „Freude am Fahren" als Claim nicht mehr ausreicht bei denen, die mit Internet und Smartphone aufgewachsen sind – sie stellen ganz andere Anforderungen an Mobilität.

Solche Umwälzungen sind mit Corporate Monkeys nicht zu machen. Sie werden den alten Gaul reiten, bis er zusammenbricht. Nach mir die Sintflut. Die Erben der Alphatiere sind bereit, Opfer zu bringen und sich in den Dienst eines höheren Ziels zu stellen. Solche Leader können die Notwendigkeit einer derartigen Umwälzung glaubwürdig kommunizieren. Deshalb traut man ihnen auch die Digitalisierung zu. Und den alten Bestandswahrern nicht. Bei den großen Entscheidungen der Zukunft scheinen die empathischen Leader die Nase vorn zu haben. Weil sie frei entscheiden – auf der Basis der sachlichen Substanz. Nicht unfrei im Sinne der eigenen Machtinteressen.

Harald Krüger etwa ist Ingenieur – er begann seine Karriere als Trainee im Bereich „Technische Planung/Produktion". Und als Personalvorstand bei BMW erteilte er den Corporate Monkeys eine klare Absage: Er wolle „intrinsisch motivierte Mitarbeiter und keine Leute, denen man ständig eine Karotte vor die Nase halten muss, damit sie sich bewegen", wurde er von der FAZ zitiert.[3]

Freiheit ist also keineswegs das Gegenteil von Verantwortung. Vielmehr bedingen sich beide gegenseitig. Die Erben der Alphatiere haben das bereits verstanden: Auch sie gehen als starke Männer voran. Aber nicht im Sinne eines Herrschers, der den Ton angibt, sondern im Sinne eines Vorbilds in der Sache.

Der größte Vorteil des empathischen Leaderships: Einem solchen Leader folgen die Menschen freiwillig, ohne Zwang. Sie würden ihn sogar wählen, wenn sie es könnten.

Ein MIESER Job mit einem guten Chef ist besser als ein guter Job mit einem miesen CHEF.

SIND WIR DER FREIHEIT GEWACHSEN?

Bei den Berliner Philharmonikern – unbestritten eines der besten Orchester auf dem Planeten – geht die Entscheidungsmacht der Belegschaft besonders weit. Die Berliner sind das einzige Spitzenorchester weltweit, das sogar seinen Chefdirigenten selbst wählt. Stanley Dodds, Violinist und Medienvorstand des Orchesters, begründet die weitreichenden Mitspracherechte mit dem Selbstverständnis der Musiker als unabhängiges Orchester. Denn genauso ist das Ensemble einmal entstanden: als Ausgründung von Musikern einer anderen Kapelle, die die schlechten Bedingungen nicht mehr hinnehmen wollten. „Dieser ‚Geist der Gründung', die Selbstbestimmung, wird von Generation zu Generation als Orchesterkultur weitergegeben. Ich empfinde mich als Mitglied in diesem Orchester mit seinen Selbstbestimmungsrechten in einer beneidenswerten Position. [...] Ich habe es noch nicht erlebt, dass jemand, der es bis hierher geschafft hat, zu einer gleichwertigen Position in ein anderes Orchester wechselt. [...] Wir genießen eine Verantwortung, die von der Gemeinschaft getragen wird. Das ist etwas ganz Besonderes und kein Selbstläufer, von allein läuft gar nichts. Aber es ist eine positive Arbeit, die belohnt wird", sagt Stanley Dodds.[4]

An Dodds' Argumentation werden gleich mehrere Gründe deutlich, warum ein Höchstmaß an Entscheidungsfreiheit auf jeder Ebene einem Unternehmen guttut. Zum einen stärkt sie die Selbstverantwortung, also die Identifikation mit dem Erfolg – und dem Misserfolg – des Unternehmens. Ein Mitarbeiter, der einen echten Beitrag leisten kann und darf, sieht sich auch in der Verantwortung zu liefern. Die Mission des Unternehmens wird zu seiner Mission. Diese Herausforderung empfinden Mitarbeiter als grundsätzlich positiv, wie Dodds hier auch betont – denn sie stärkt ebenjenes Gefühl der „Mitunternehmerschaft".

Zum anderen erzeugt die Freiheit, eigenverantwortlich Entscheidungen zu treffen, eine höhere Bindung als andere Anreize wie Geld oder Urlaubstage. Dodds bezeichnet sich selbst als beneidenswert und berichtet von seiner Beobachtung, dass kein Musiker das Orchester freiwillig verlässt – es sei denn, er wird zu seinem eigenen Chef. Die Unabhängigkeit, die die Philharmoniker genießen, ist also nur noch von tatsächlicher Unternehmerschaft zu übertreffen. Ist das nicht die Bindung, die sich Arbeitgeber wünschen?

Die Bindung an den Leader selbst – in diesem Fall den Dirigenten – beschreibt der Musiker so: „Ich denke, dass wir uns unserer Verantwortung etwas mehr bewusst sind, als wenn wir jemanden vorgesetzt bekommen hätten. Das ist wie in jeder anderen menschlichen Beziehung auch. Wie wenn sich zwei Menschen füreinander entschieden haben: Man möchte miteinander auskommen."[5]

Ein oft geäußerter Einwand gegen zu viel Selbst- und Mitbestimmung im Unternehmen ist das Vorurteil, der Chef verliere in einem solchen Klima an Autorität. Dieser Punkt hat auch mich anfangs zögern lassen, meinen Mitarbeitern und Führungskräften umfassende Handlungsspielräume zu geben: Was, wenn sie die Freiheit so interpretieren, dass Direktiven und meine eigenen – einsamen – Entscheidungen nicht mehr ernst genommen werden? Hat ein Chef in einem Unternehmen, das auf Unabhängigkeit setzt, weniger Autorität? Meine Sorge hat sich mit der Zeit in Luft aufgelöst, und Stanley Dodds bringt auf den Punkt, warum: „Ganz im Gegenteil: Er hat mehr. Er ist wahrlich der Chefdirigent, gerade weil wir ihn wählen."[6]

Natürlich ist es in den meisten Unternehmen nicht realistisch, dass die Mitarbeiter ihren Chef selbst wählen – darum geht es mir auch gar nicht. Es geht um den Grundgedanken: Nicht irgendein Status soll hier verteilt werden, keine Hierarchien abgeschafft und an keiner Autorität gerüttelt werden. Es geht einzig und allein um eine Verteilung operativer Befugnisse im Sinne des Ergebnisses oder vielmehr: des Kunden. Wenn der Chef sich durch verantwortungsvolle Führung sozusagen „demokratisch" legitimiert und die Mitarbeiter grundsätzlich auf dem gleichen Kurs sind, also freiwillig bei der gemeinsamen Mission mitgehen, dann fühlen sie sich auch stärker verpflichtet, dem gemeinsamen Anspruch gerecht zu werden.

Das ist das Prinzip Verantwortung. Und die lässt sich durchaus verteilen, indem die operative Entscheidungsmacht verteilt wird. Dafür müssen wir keine neuen Titel erfinden oder Verwirrung stiften, indem wir so tun, als ob wir irgendwelche Hierarchien abschaffen. Die Hierarchien sind nicht das Problem. Der verantwortungslose Umgang damit ist es, der die Führungskultur in manchen Unternehmen in gefühlte Unterdrückung umschlagen lässt. Natürlich lässt sich Entscheidungsmacht auch missbrauchen. Die Corporate Monkeys werden die Entscheidungsmacht wollen, aber ohne die Verantwortung. Sie werden die Macht in ihrem eigenen Sinne ausnutzen, anstatt im Sinne einer Mission, die sie mit ihren Mitarbeitern teilen. Und manche von ihnen werden dabei das Maß verlieren.

Und genau deshalb ist es gut und wichtig, dass es auch in einem Unternehmen, das auf das Prinzip Freiheit setzt, immer noch Autorität gibt und ein gewisses Maß an Hierarchien. Nicht weil die Mitarbeiter nicht mit Freiheit umgehen könnten, sondern weil es in jedem Unternehmen Corporate Monkeys gibt.

Freiheit ist etwas Maßloses. Im Guten wie im Schlechten. Sie braucht die Verantwortung als Leitplanke. Sie braucht den Leader und die Führungskräfte, die Entscheidungsfreiheit, Handlungsfreiheit und Umsetzungsstärke vorleben – und Fehlverhalten sanktionieren, wenn es nötig ist.

Das ist ein Grund, warum ich in meinen Unternehmen streng trenne zwischen Fehlern und Fehlverhalten: Fehlverhalten lässt auf einen persönlich motivierten Missbrauch von Freiheiten schließen. Wenn ich bei Mitarbeitern – oder Führungskräften – systematisches Fehlverhalten beobachte, schlägt mein Radar Corporate-Monkey-Alarm.

Fehler dagegen gehören zum Lernprozess dazu. Sie sind eine Voraussetzung für Innovation. Etwas, womit wir arbeiten können – vielleicht sogar der beste Lernansatz, den es gibt. Manche der erfolgreichsten neuen Leader sind genau damit groß geworden. Etwa PayPal-Gründer Max Levchin, der sagt: „Das erste Unternehmen, das ich gegründet habe, ist mit einem großen Knall gescheitert. Das zweite Unternehmen ist ein bisschen weniger schlimm gescheitert, […] das dritte Unternehmen ist auch anständig gescheitert, aber das war irgendwie okay. Ich habe mich rasch erholt, und das vierte Unternehmen überlebte bereits. […] Nummer fünf war dann PayPal."[7]

Zu Fehlern stehen und aus Fehlverhalten Konsequenzen ziehen: Auch daran erkennen wir die starken Leader. Manchmal sind sie noch im Abgang eine Inspiration.

Das ist unser Job als
LEADER: EINE INSPIRATION
zu sein. Mit allem, was wir sind.

Um verantwortlich entscheiden zu lernen, gibt es nur einen Weg: Ihre Führungskräfte und Mitarbeiter müssen entscheiden dürfen. Und den Mut dazu können sie am besten lernen – von ihrem Vorgesetzten. Nur der Leader kann Entscheidungsstärke vorleben, und nur er kann auch die Verantwortung vorleben.

Ein Chef, der souverän Entscheidungen trifft, der ins Risiko geht und unternehmerischen Mut vorlebt, ist die beste Inspiration für alle anderen. Denn das ist motivierend. Aber nicht, wenn ein anderer die Entscheidung besser treffen kann. Das ist einfach nur demotivierend.

FÜHRUNG LERNEN: DER COMO FÄLLT NICHT WEIT VOM STAMM

Corporate Monkeys lernen Führung von Corporate Monkeys – also von Führungskräften mit mangelnder Selbstverantwortung, die Risiken scheuen und Absicherung vorleben. Dieses Programm wechseln sie nur, wenn sie die Erfahrung machen, dass Führung ohne Selbstverantwortung nicht funktioniert. Beobachten sie in ihrem Umfeld dagegen immer wieder, dass man es ohne eine Art „Führungsgewissen" schneller nach oben schafft, vertieft sich das Programm.

Der Hirnforscher Gerald Hüther vertritt die Ansicht, dass wir besser lernen, wenn das Lernen emotional aufgeladen ist. Er beschreibt drei Möglichkeiten, auf diese Weise zu lernen – und setzt sie auch direkt in Zusammenhang mit der heutigen Arbeitswelt. Eine besteht darin, dass der Lernstoff selbst Emotionen auslöst, uns also „unter die Haut geht". Die zweite besteht darin, dass die Emotionen an die Person geknüpft sind, von der wir lernen – zum Beispiel einen Vorgesetzten, den ich mag oder bewundere. Die dritte Möglichkeit, so Hüther, ist das alte Muster von „Belohnung und Strafe" – die schlechteste aller Formen des emotionalen Lernens, wie er betont, und gleichzeitig die, die in der Arbeitswelt am häufigsten praktiziert wird.[8]

Was daran schlecht ist: Führungskräfte – und jeder andere Mitarbeiter im Unternehmen – lernen auf diese Weise, was sie tun müssen, um entweder belohnt oder wenigstens nicht bestraft zu werden. Auf diese Weise, so Hüther, züchten Leader sich „Belohnungsempfänger und Strafvermeider heran, abgerichtete und dressierte Leute statt kreativer Mitarbeiter".[9]

Es wird also nicht honoriert, wenn jemand von der Norm abweicht, etwas ausprobiert oder neue Entwicklungsfelder erschließt – für sich selbst und das Unternehmen –, sondern wenn er das tut, was der eigene Chef gut heißt. Gerald Hüther zieht einen Vergleich zum antiquierten Bildungssystem: „Sollen Schüler Gedichte oder Gleichungen auswendig lernen oder möchten wir, dass sie den Zauber und die Geheimnisse der Mathematik entdecken?"[10] Das derzeitige Bewertungssystem an den Schulen belohnt Ersteres und sieht Letzteres nicht vor. Weil es dafür keine Bewertungskriterien kennt.

Ähnlich ist es in der Arbeitswelt: Mitarbeiter – und Führungskräfte nicht weniger – werden an Eigenschaften und Leistungen gemessen, die sich als klare Kriterien abbilden lassen. Dementsprechend bedeutet Führung in erster Linie: belehren, bewerten und dann belohnen oder bestrafen. Menschen, per Definition die Subjekte jedes Unternehmens, werden klassifiziert wie Objekte.

Indem man sich diesen Schemata beugt und die objektiven Kriterien erfüllt, wird man etwas im Unternehmen. Auch: Chef. Vielleicht lernen wir so auch, produktiv zu sein und andere produktiv zu machen. Wir lernen nur das nicht, was nach einhelliger Meinung der Experten in der Arbeitswelt der Zukunft entscheidend ist: Innovation und Kreativität. Arbeiten und Führen nach Kriterien ist nicht integrativ, sondern diskriminierend. Was nicht in die Bewertungsmuster passt, fällt durch. Kreativität wird also im Zweifel nicht honoriert, sondern bestraft oder mindestens nicht gefördert.

Dabei kann Führung durchaus beides integrieren. Auch und gerade dann, wenn ein Experiment in die Hose geht. Richard Branson stellt in seinem Buch *The Virgin Way – Wie ich das Thema Führung sehe* eine direkte Verbindung zwischen Lernen und Lachen her. Lernen – und hier ist er nicht weit von Hüthers Vorstellung emotionaler Lernerlebnisse entfernt – sollte seiner Meinung nach auch „Fun" sein. Spaß ist für ihn sogar ein zentrales Erfolgsrezept: „Bei dem, was wir tun, muss der Spaß ganz oben stehen."[11] Nur konsequent also, dass er Entscheidungsfreude zum Kernaspekt von Führung erhebt – mit Betonung auf „Freude". Aus Fehlern lernen und dabei Spaß haben sieht bei Branson zum Beispiel so aus: Als er mit seiner „Virgin Cola" den US-Markt erobern wollte, fuhr er mit einem Panzer auf den New Yorker Times Square, um den Marktführer Coca-Cola „abzuschießen", und überrollte mit dem Koloss genüsslich die Produkte der Konkurrenz. Das war in den 1990ern, lange vor 9-11. Dennoch keine gute Marketingidee, sagt Branson rückblickend selbst. Aber es hat Spaß gemacht. Spaß ist heilsam – auch und gerade im Management.

Ein „barttragendes Kind" nannten Kritiker Branson damals. Mag sein. Doch der kindliche Entdeckerdrang ist genau das, was die antiquierten Lernmethoden an den Schulen und in den Unternehmen uns laut Gerald Hüther abtrainieren – auch unseren Führungskräften. Und das „barttragende Kind" ist heute einer der erfolgreichsten Unternehmer der Welt.

Führung kann nicht innovativ sein ohne Risiken. Die Führungskultur stagniert durch Corporate Monkeys, die anderen Corporate Monkeys auf der Suche nach der Kokosnuss beibringen, Risiken zu vermeiden. Und Führung kann nicht kreativ sein, wenn Entscheidungen auf dem kleinsten gemeinsamen Nenner beruhen, auf den sich alle Bedenkenträger in einem Gremium einigen können. Damit zukünftige Führungskräfte, frei nach Hüther, den „Zauber der Führung" entdecken können (von der die

Mathematik zweifellos immer ein Teil sein wird), dürfen wir sie nicht in einem Korsett der Erwartungen einsperren. Solange wir Führung an dem orientieren, was bisher funktioniert hat, können wir uns nicht weiterentwickeln. Ich wünsche mir, dass Führungskräfte ihren Job in Zukunft nach einem neuen Leitbild der Verantwortung lernen. Verantwortungsvoll entscheiden heißt nicht, einem festgelegten Katalog von Kriterien gerecht zu werden.

Verantwortungsvoll entscheiden heißt, Unternehmen ZUKUNFTSFÄHIG zu denken.

Das ist nicht möglich, ohne Konventionen zu brechen und dem eigenen Lehrmeister an der einen oder anderen Stelle auch mal abtrünnig zu werden, sich von seinem Vorbild zu trennen, neue Prioritäten zu setzen und individuelle Stärken zu nutzen, anstatt sie zu unterdrücken.

Auch das Lernen von Führung beruht also auf persönlicher Unabhängigkeit. Dass die Teil einer überzeugenden Führungspersönlichkeit ist, lernen Führungskräfte allerdings wiederum so am besten, wie Gerald Hüther es beschreibt: von einem emotional aufgeladenen Vorbild – einem Leader, den wir bewundern. Wir brauchen Chefs nicht mehr als „Eselstreiber", sagt er, sondern als Visionäre, die ihre Mitarbeiter ermutigen und inspirieren. Auf diese Weise bilden wir unabhängige Leader aus, die freie Entscheidungen treffen.[12]

EMOTIONAL inspiriert zu werden, ist die beste Art zu LERNEN.

DER WEG ZUR ENTSCHEIDUNGSFREIHEIT

Fangen wir gleich damit an: Um in Ihrem Unternehmen eine Kultur der Entscheidungsfreiheit zu etablieren, dürfen Sie sich was trauen. Stellen Sie die Entscheidungsbefugnisse in Ihrem Unternehmen vom Kopf auf die Füße.

Drei Schritte zu einer Kultur der Entscheidungsfreiheit

- Nehmen Sie sich als Leader die Freiheit, autonom zu entscheiden, aber nicht alles entscheiden zu müssen.
- Verteilen Sie die Entscheidungsmacht kontrolliert um: Schenken Sie Ihren Mitarbeitern einen klar umrissenen Entscheidungsrahmen. Lassen Sie sie nach eigenen Freiräumen suchen und lassen Sie sie ausprobieren. Und stehen Sie vor allem hinter denen, die in Eigeninitiative entscheiden. Auch wenn mal was danebengeht. Der Spirit der Mitarbeiter ist wichtiger als das Controlling der Corporate Monkeys.
- Gehen Sie als entscheidungsfreudiger und verantwortungsbewusster Leader mit gutem Beispiel voran. Stehen Sie zu Ihren Entscheidungen, setzen Sie sie durch und respektieren Sie die Entscheidungen anderer.

Die goldene Regel der Führungsentscheidungen: Es kommt auf die ENTSCHEIDUNGEN an – nicht darauf, wer sie trifft.

2. FREIHEIT VERPFLICHTET

WARUM UNABHÄNGIGE MITARBEITER IHR VERTRAUEN VERDIENEN

FÜHRUNG
VON OBEN HERAB

Neulich hatte ich einen Telefonanruf, der mich nachdenklich gemacht hat. Genau genommen hatte ich schon viele solcher Anrufe, aber dieses Mal hatte ich es mit einem Corporate Monkey vom Feinsten zu tun oder vielmehr mit seiner Untergebenen. Eine ganz reizende Assistentin, aber fröhlich klang sie nicht gerade (Namen geändert): „Guten Tag, hier spricht Jasmin Müller aus dem Vorzimmer des Vorstands, Herrn Willi Wichtig. Herr Wichtig bat mich, eine telefonische Verbindung herzustellen, damit er wertvolle Zeit spart. Da ich Sie nun in der Leitung habe, darf ich kurz bei Herrn Wichtig nachfragen, ob er gerade Zeit für Sie hat? Er wünscht, mit Ihnen zu sprechen."

Solche Anrufe kennen Sie bestimmt auch. Wissen Sie, was ich dann sage? „Liebe Frau Müller, richten Sie Herrn Wichtig doch bitte aus: Wenn er mit mir sprechen will, dann darf er mich jederzeit persönlich anrufen, also direkt. Auf Wiederhören." Und dann legte ich auf.

Ernsthaft, was soll der Quatsch? Warum muss er seine Assistentin dazwischenschalten? Es ist ja nicht so, dass sie einen Termin vereinbaren sollte. Sie sollte die Telefonistin machen. Und wozu? Weil Herr Wichtig mir demonstrieren wollte: In meinem Laden gibt es klare Hierarchien, und ich stehe im Organigramm ganz oben. Ich greife nicht mal mehr selbst zum Telefon. Ich bin wichtig. Herr Wichtig sogar. Und das sollst du wissen. Ich bin wichtiger als alle hier, und ich bin wichtiger als du.

Solche Leader, die blasierten mit den eingebauten Schranken im Kopf, würde ich am liebsten in den Arm nehmen.

Wie ist es mit Ihnen: Haben Sie irgendwann in Ihrem Leben schon mal für einen Herrn oder eine Frau Wichtig gearbeitet? Wenn ja, dann haben Sie Gewissheit aus der eigenen Erfahrung heraus: Das Monkey Business ist real. Und wenn nicht? Dann sind Sie entweder noch sehr jung oder selbstständig oder Sie haben riesiges Glück gehabt. Ich wünsche Ihnen, dass es so bleibt. Die meisten Menschen waren in ihrem Arbeitsleben schon einmal an dem Punkt, an dem sie wegen eines COMOs alles hinschmeißen wollten. Mich eingeschlossen. Und sehr viele haben es dann auch getan oder tun es gerade oder werden es bald tun. Laut einer Untersuchung der Ruhr-Universität Bochum ist lediglich jeder fünfte Arbeitnehmer mit seinem Vorgesetzten zufrieden – und ebendieser Umstand der häufigste Kündigungsgrund. Fast jeder Vierte gab seinem Chef sogar die schlechteste mögliche Note.

Nun wäre es leicht, die Schuld auf unzufriedene Angestellte zu schieben, die die Verantwortung lieber auf ihren Chef abschieben, anstatt an sich selbst zu arbeiten. Doch damit würden wir es uns zu leicht machen: 53 Prozent der Befragten schätzten nämlich gleichzeitig ihr Unternehmen als erfolgreich ein.

Schizophren ist das deshalb, weil hinter diesem vernichtenden Urteil zugleich das große Potenzial von Führung durchscheint: Gerade die Führung hat den größten Anteil an der Mitarbeiterzufriedenheit. 40 Prozent macht dieser Faktor laut den Bochumer Psychologen bei der Beurteilung ihrer allgemeinen Zufriedenheit mit der Stelle aus. Die Ergebnisse und genauso die vieler anderer einschlägiger Studien lassen sich auf einen einfachen Nenner bringen:

Schlechte Führung VERGRAULT Mitarbeiter. Und zwar zuallererst DIE GUTEN.

Corporate Monkeys als Führungskräfte setzen uns allen zu. Warum werden wir von diesen Menschen gequält? Warum müssen wir unter deren Macken leiden? Ganz einfach: Diese Chefs halten es tatsächlich für Führung, von oben herunterzuschauen und dafür zu sorgen, dass jeder andere nach oben schaut und sich kontrolliert fühlt.

Ich versteige mich sogar zu der Behauptung:

Das FÜHRUNGSPRINZIP in vielen Unternehmen lautet immer noch kalkulierte PARANOIA.

Das ist schlimm genug. Noch schlimmer ist: Die meisten von uns haben das einfach so gelernt. Ich auch. Mein erster Ausbilder war der reinste Napoleon. Status, Kontrolle, Hierarchie. Er hieß Klaus-Dietrich, und für mich war es das erste Mal. Klaus-Dietrich ließ mich spüren, was es heißt, Azubi zu sein. Hinter den Kulissen eines traditionellen Schwarzwälder Touri-Gasthofs. In knisternder Polyester-Hose und einer Folklore-Weste, die aussah wie eine textilgewordene Blumenwiese, musste ich ihm zu Diensten sein. Er setzte alles daran, mich zu brechen. Für ihn war ich nichts als ein Lakai, der zu funktionieren hatte – bloß keine Persönlichkeit zeigen, bloß nicht herzlich mit den Gästen flirten draußen auf der heißen Terrasse. Ich musste ihm allein gehören und seine oberflächliche Vorstellung von Führung bedienen: er oben, ich unten. Nie gab er mir das Gefühl, etwas Besonderes zu sein. Am schlimmsten war es, wenn ich seine dicken, glitschigen … Forellen ausnehmen musste. Ich hasste sie, seine Forellen. Schwitzen, bedienen und ihm hörig sein, das war alles, was wir Azubis bei ihm durften. Für was Ernsteres war Klaus-Dietrich nicht zu haben. Ich war als angehender Hotelfachmann zu ihm gegangen, doch er sah in mir nur den Terrassenkellner. Es brach mir das Herz und meine Gastfreundschaft dazu – beinahe jedenfalls.

Bevor sie sich jetzt ernsthaft Sorgen um mich machen: Meine Verbindung mit Klaus-Dietrich war rein beruflicher Natur. Genau genommen machte er sogar einen richtig guten Job: Da draußen, bei den sieben Zwergen hinter den sieben Bergen am Titisee funktionierte die gästeverarbeitende Industrie in den traditionellen Schwarzwald-Gasthöfen eben so – und tut es wohl noch heute. Dort ging es nur ums stupide Abarbeiten, und das Personal hatte zu funktionieren wie ein Uhrwerk: Bus auf, Touris raus, durch den Souvenir-Shop geschleust, auf die Terrasse, Bestellung raus, Torte rein, Obstler hinterher, runter von der Terrasse, rein in den Bus und auf Nimmerwiedersehen. Das war das Geschäft, das war das tägliche Brot. Und wir waren eben die Gefreiten des Oberstabsfeldwebels, die dafür zu sorgen hatten, dass kein Körnchen Sand ins Werk der Kuckucksuhr gelangte.

Es ist nur so: Es gibt nicht nur einen Klaus-Dietrich. Es gibt viele Chefs von seiner Sorte, und es gibt sie eben nicht nur in der gästeverarbeitenden Industrie der Pauschal-Touri-Gastronomie. Viele Unternehmen funktionieren so – auch fernab des Titisees und auch heute noch. Auch wenn in den Leitbildern jetzt in neonfarbigen Buchstaben von „Wertschätzung" und „Menschlichkeit" die Rede ist. Die Realität sieht oft anders aus. Und im Gegensatz zu jenem Gasthof, dessen Gäste einmal im Leben vorbeikommen und die Schwarzwald-Folklore auf ihrer Liste aus dem Reiseführer danach ein für alle Mal abhaken, wollen die meisten Unternehmen ihre Kunden halten – und ihre Mitarbeiter erst recht. Heute unter den Zwängen des demografischen Wandels bleibt ihnen auch kaum eine andere Wahl.

Und das, um noch einmal in die schlüpfrige Forellen-Metaphorik einzutauchen, ist mit einer Beziehung, die allein auf Dominanz und Unterwürfigkeit beruht, eben nicht getan. Nicht mehr. Status, Kontrolle, Hierarchie – Bullshit. Wenn ich Leadership darüber definiere, wo oben und unten ist, dann weiß ich bald nicht mehr, wo links und rechts ist. Das ist nur eine Frage der Zeit. Oben und unten, das sind Scheuklappen, die das Denken behindern.

Verstehen Sie mich bitte richtig: Ich meine damit nicht, dass wir unsere Unternehmen in Waldorfschulen umbauen müssen und unsere Führungsphilosophie tanzen sollten. Ganz und gar nicht. Es kann durchaus gesund für eine Beziehung sein, wenn klar ist, wer oben ist und wer unten. Aber Hierarchien machen noch keine gute Führung.

Wir führen über
BEZIEHUNGEN

und nicht über
HIERARCHIEN.

BEZIEHUNGSARBEIT IST EFFEKTIV

Wenn ein Chef nicht mal selbst zum Telefon greifen kann, um einen anderen Chef anzurufen – wie pflegt der wohl die Beziehungen zu seinen Leuten? Kann ich Ihnen sagen: gar nicht. Und deswegen geht es den Mitarbeitern von Corporate Monkeys wie Herrn Wichtig oder Klaus-Dietrich schlecht. Die haben es fast genauso nötig, in den Arm genommen zu werden, wie er. Das ist aus mehreren Gründen ein echtes Problem für die Unternehmen, in denen der Monkey-Virus grassiert. Das Verhalten der Führung hat enorme Auswirkungen auf die psychische Gesundheit. Das ist kein Wellness-Trallala, sondern medizinischer Ernst. Der Zusammenhang von Führungsverhalten und Mitarbeitergesundheit wurde inzwischen durch eine ganze Reihe von Studien nachgewiesen. Als Führungsstile mit positiven gesundheitlichen Auswirkungen hat sich dabei wiederholt ein mitarbeiterorientierter Führungsstil erwiesen. Das bedeutet: Die Führungskraft begegnet dem Mitarbeiter mit Wertschätzung, Achtung und Offenheit, ist bereit zur Kommunikation und zeigt Einsatz und Sorge für den Einzelnen, so Sabine Gregersen von der Berufsgenossenschaft für Gesundheitsdienst und Wohlfahrtspflege.[13] Diesem Führungsstil wird vor allem das sogenannte transformationale Führungsverhalten gerecht, das sechs Dimensionen abdeckt.

Die sechs Dimensionen der transformationalen Führung

- Charisma
- Einfluss durch Vorbildlichkeit
- Einfluss durch Verhalten
- Motivation durch begeisternde Visionen
- Förderung des kreativen und unabhängigen Denkens
- Individuelle Unterstützung und Förderung

Alle sechs Dimensionen dieses Führungsverhaltens sind Aspekte von Beziehungsarbeit. Sie beziehen sich nicht in erster Linie und nicht unmittelbar auf Prozesse, sondern auf persönliche Interaktion. Ein Herr Wichtig oder ein Klaus-Dietrich decken mit ihrem Führungsverhalten keine einzige dieser sechs Dimensionen ab, jedenfalls nicht im Sinne einer mitarbeiterzentrierten Führung. Das ist der Grund, warum es ihren Leuten schlecht geht. Und ein mieser Chef, auch das ist inzwischen ein Allgemeinplatz, ruiniert nicht nur das Arbeitsklima, sondern auch die Ergebnisse. Schlecht motivierte Mitarbeiter gleich mieser Output.

Führungskräfte, die das nicht wahrhaben wollen, folgen meist einem weiteren Reflex: Alles schön und gut, aber wer soll das leisten? Wo soll ich zwischen all den operativen Aufgaben, den gefühlt stündlichen Meetings und dem von oben verordneten Kurs zur Burn-out-Prävention (früher war an der Stelle Fußball) auch noch die psychologische Betreuung meiner Mitarbeiter in sechs Dimensionen der transformationalen Führung in mein Outlook quetschen? Ich weiß, ich weiß. Wer noch nie von seiner Assistentin daran erinnert werden musste, in welcher Stadt er sich gerade befindet und worum es beim Telefontermin mit Herrn Feixinger („der mit den karierten Anzügen, Carsten …") in fünfzehn Minuten gehen soll, der werfe den ersten Stein. Es ist nur so: Mitarbeiterzentrierte Führung, die bei mir einfach Beziehungspflege heißt, ist alles andere als ein Klotz am Bein. Vielmehr setzt sie zusätzliche Potenziale frei. Wenn ich als Chef meine Leute in ihrer *Selbstständigkeit* unterstütze, sind sie nämlich weniger erschöpft. Sie fühlen sich dem Unternehmen deutlich stärker verbunden. Und sie sind eher in der Lage, eigenständig zu arbeiten, ohne dass ich ihnen dabei über die Schulter schauen müsste, wenn sie, wie im ersten Kapitel geschildert, in ihrem Verantwortungsbereich ihre eigenen Entscheidungen treffen können und dürfen. Die Kombination aus Entscheidungsfreiheit und Beziehungspflege entlastet mich als Chef enorm.

Warum sind Mitarbeiter gesünder und damit auch leistungsfähiger, wenn sie selbstständiger, mit anderen Worten freier in der Ausübung ihrer Tätigkeit sind? Weil sie mitgestalten dürfen und dadurch Wertschätzung und Anerkennung empfinden. Eine Studie der Bundesanstalt für Arbeitsschutz und Arbeitsmedizin hat Handlungs- und Entscheidungsspielräume als wichtigen Faktor gesunder Führung identifiziert.[14] Und Thomas Sattelberger, Ex-Personalvorstand der Telekom und weiterer DAX-Unternehmen, sagt: „Menschen, die das Unternehmen aktiv mitgestalten, fühlen sich wohler und sind engagierter. Wir müssen weg von einer Führungskultur, die sich nur an Zahlen orientiert, und hin zu einem Führungsstil, der eine ganzheitlich funktionierende Unternehmenskultur fördert."[15]

Aber erklären Sie das mal Herrn Wichtig. Der ist ja selbst unfrei. Und glaubt deshalb, dass seine Mitarbeiter vor allem Kontrolle brauchen.

DIE BLOCKIERTE SELBSTWIRKSAMKEIT

Wenn ein Leader wie Herr Wichtig sich selbst über Abhängigkeiten definiert, wie sollen seine Mitarbeiter dann jemals selbstwirksam denken und entscheiden lernen? Das größte Problem unfreier Unternehmen lautet: mangelnde Selbstwirksamkeit. Einen schlimmeren Ergebnis- und Innovationsdämpfer gibt es nicht. Bei Führungskräften und bei Mitarbeitern gleichermaßen. Vom Krankenstand ganz zu schweigen. Die Selbstwirksamkeit unserer besten Kräfte zu blockieren, ist Harakiri für den Umsatz und die Zukunftsfähigkeit.

Aber was ist das eigentlich: Selbstwirksamkeit? Fragen Sie Barack Obama und Angela Merkel! „Yes, we can!" und „Wir schaffen das!" – das ist zweimal Selbstwirksamkeit in drei Worten. Prägnanter gehts nicht.

Bei Selbstwirksamkeit geht es um die Fähigkeit, Dinge in die Hand zu nehmen und den eigenen Weg zu gehen. Sich bewusst zu sein: Ich kann das tun, ich bin dem gewachsen. Das beinhaltet auch das Vertrauen in die Welt, mit dem, was man ist und tut, angenommen zu werden. Selbstwirksamkeit ist also der Schlüssel zu Gestaltungsfähigkeit, zu Kreativität, zum Sinn des eigenen Tuns und Daseins. Sie sorgt dafür, dass wir mit uns selbst im Einklang sind – weil wir tun, was wir fühlen, und leisten, was wir können. Den Begriff der Selbstwirksamkeit hat der kanadisch-amerikanische Psychologe Albert Bandura Ende der 1970er-Jahre geprägt. Er benannte auch vier Voraussetzungen, die erfüllt sein müssen, damit Menschen ihre Potenziale ausleben können:

Vier Grundlagen der Selbstwirksamkeit nach Albert Bandura

- die eigene direkte Erfahrung, etwas erreicht zu haben
- die Beobachtung entsprechender Erfahrungen bei anderen Personen, die einem selbst möglichst ähnlich sein sollten
- die Ermutigung durch andere im Sinne von „Ich weiß, dass du das kannst!"
- die positive Interpretation körperlicher Vorgänge, die auf eine emotionale Erregung hinweisen (schwitzen oder ein beschleunigter Herzschlag)

Das Konzept findet heute vielfältige Anwendungen, unter anderem auch in der Psychotherapie – immer dort, wo es darum geht, Menschen zu stärken und zu befähigen, ihre Potenziale auszuleben. Alle vier Grundlagen sind wichtige Indikatoren bei der Mitarbeiterführung, genauer: bei der Personalentwicklung. Sie helfen uns, unabhängige Mitarbeiter, die unser Vertrauen verdienen, von Corporate Monkeys zu unterscheiden, die nur hinter der Kokosnuss herjagen. *Selbstwirksamkeit ist das, was die guten Leute von den Corporate Monkeys unterscheidet.*

Einen selbstwirksamen Mitarbeiter erkennen Sie am Leuchten in den Augen, wenn er in seinem Verantwortungsbereich etwas aus eigener Kraft erreicht hat. Das kann der Kunde sein, der endlich unterschrieben hat, oder das Feedback eines begeisterten Kooperationspartners oder die bahnbrechende Innovation, die durch seinen Impuls in die Welt gekommen ist. Ein solcher Mitarbeiter wird künftig noch motivierter sein, sich zu beweisen, mit Feuereifer und Leidenschaft bei der Sache sein. Belohnen Sie ihn – er hat es sich verdient!

COMO-Alarm!

Und ein Corporate Monkey? Setzt sich auf den Erfolg eines anderen und fordert dafür auch noch eine Belohnung ein.

Ein selbstwirksamer Mitarbeiter wird von den Erfolgen anderer im Team motiviert. Wenn er sieht, dass andere, die so sind wie er, etwas erreichen, indem sie ihre Potenziale ausspielen, wird ihn deren Feuer anstecken. Er ist begeisterungsfähig. Er will ein Teil des Erfolgsteams werden, indem er seinen Beitrag leistet. Und er wird sich über die Erfolge der anderen freuen, sie beglückwünschen, ihnen zujubeln.

COMO-Alarm!

Der Corporate Monkey will den Erfolg des Teams für sich beanspruchen. Er sucht nach Möglichkeiten, die Potenziale der anderen für sich zu nutzen und sie gleichzeitig vor anderen kleinzureden. Nicht Begeisterung treibt ihn an, sondern Neid.

Selbstwirksame Mitarbeiter ermutigen sich gegenseitig. Wenn sie auf Schwierigkeiten stoßen und vor Herausforderungen stehen, pushen sie sich untereinander. Sie arbeiten Hand in Hand und vertrauen auf die Fähigkeiten des anderen. Ihre Schwächen fangen sie untereinander auf und ergänzen sich mit ihren Stärken.

COMO-Alarm!

Der COMO nutzt Schwächen anderer aus und bestärkt sie sogar noch darin, um sich selbst in eine bessere Ausgangslage zu bringen. Er will nicht auf Augenhöhe agieren, sondern über anderen stehen. Deshalb ermutigt er andere nicht, sondern jammert oder wiegelt auf.

Wenn wir bei der Arbeit Freude oder auch Ärger bewusst empfinden, ist das etwas Gutes. Es zeigt, dass wir bei uns sind und emotional an unsere Arbeit anknüpfen. Ein selbstwirksamer Mensch beobachtet und nutzt solche Signale positiv: Freude zeigt ihm an, dass er auf dem richtigen Weg ist, Ärger setzt er konstruktiv in Veränderung um.

Wenn Sie sich dabei ertappen, dass Sie eigene emotionale Regungen bei der Arbeit sofort negativ interpretieren, oder wenn Sie eine angstgetriebene Grundstimmung bei Ihren Mitarbeitern beobachten, dann stimmt etwas mit der Führungskultur in Ihrem Unternehmen nicht.

Bleibt die Frage: Wie erzeugen wir Selbstwirksamkeit? Wie können wir diese Grundlagen durch Führung schaffen? Die Antwort auf diese Frage lässt sich am besten *ex negativo* geben, aus dem Mangel: Was läuft schief in Unternehmen, wo Selbstwirksamkeit nicht gefördert wird?

SCHNARCHENDE POTENZIALE

Die offensichtliche Folge mangelnder Selbstwirksamkeit sind die ungeheuren Potenziale, die durch eine Führung liegen bleiben, die auf Abhängigkeiten beruht. Freiheit ist nämlich der beste Motivator, den es gibt. Was das bedeutet, liegt auf der Hand:

Motivierte Mitarbeiter = höheres Engagement = bessere Ergebnisse

Vom besseren Arbeitsklima ganz zu schweigen. Und das überträgt sich direkt auf die Kundenzufriedenheit.

Manchmal höre ich den Einwand: Klingt ja alles hübsch mit der Freiheit, aber wann reden wir über die wichtigen Dinge? Spätestens an diesem Punkt, wenn es um die Kundenzufriedenheit geht, trifft das Ideal der Freiheit direkt ins „Rechenzentrum" auch des größten Führungsrationalisten. Dahin, wo es am meisten wehtut. Mangelnde Kundenzufriedenheit ist die große Gefahr einer Führung, die auf Zwang und Kontrolle beruht, und die erschließt sich auch dem eingefleischtesten Benchmarker: Die Folgen der Abhängigkeit bekommt der Kunde direkt zu spüren. Sie brauchen nicht mal eine Studie aufzusetzen, um zu wissen, dass das stimmt. Es reicht, wenn Sie sich selbst als Kunde beobachten: Haben Sie mal bei einer schlecht gelaunten Rezeptionistin eingecheckt? Dann wissen Sie, was ich meine. Manchmal warte ich nur darauf, dass ich gleich meinen Koffer aufmachen muss und abgetastet werde wie am Flughafen. Denke ich jetzt: Geiles Unternehmen! Hier herrschen Zucht und Ordnung, hier haben die Leute nichts zu lachen! Oder denke ich: Was läuft denn hier schief?

Was würden Sie denken?

Wenn Menschen gehemmt, geschwächt, entmutigt und demotiviert sind, bleiben Potenziale liegen. Wenn Menschen sich innerlich von ihrer Rolle und von ihrer Aufgabe entfremden oder sogar innerlich kündigen, dann sind alle Qualifikationen und auch das jährliche Rafting samt Erinnerungsfotos für die Katz.

Menschen blühen auf, wenn ihre Potenziale erkannt werden, sie für ihre Potenziale geschätzt werden und sie ihre Potenziale nutzen können. Ausnahme: die Corporate Monkeys. Haben die keine Potenziale? Oh doch! Jeder Mensch hat Potenziale. Der Unterschied bei den Corporate Monkeys ist, dass sie in einem ausbeuterischen System aufblühen, anstatt zu verwelken. Sie haben gelernt, ihre Potenziale gezielt bewusst zurückzuhalten und immer den Weg des geringsten Risikos zu gehen. Sie haben es sich im System der Abhängigkeit bequem gemacht. Das sind die Rezeptionisten, die mit einem Lächeln darauf verweisen, dass der Wunsch nach dem Ladegerät oder die Änderung des Kreditrahmens oder die Sonderanfertigung leider nicht in ihren Zuständigkeitsbereich fallen. Die machen das nicht, weil sie nicht könnten. Auch nicht, weil sie grundsätzlich nicht wollen würden. Schon gar nicht, weil sie schlechte Menschen wären – na gut, in den meisten Fällen. Sondern weil sie gelernt haben, dass man es so macht.

Das Monkey Business hat ihnen den Willen, die Empathie und das POTENZIAL FÜR EXCELLENCE abtrainiert.

Das ist es, was in Unternehmen schiefläuft, die arm sind an Selbstwirksamkeit und reich an Abhängigkeiten: Die Potenziale der Mitarbeiter und Führungskräfte stoßen überall an Schranken. In diesen Unternehmen wird kein Rahmen für Excellence gesetzt, innerhalb dessen Menschen entscheiden und selbstwirksam handeln dürfen – sondern es werden Grenzen um Potenziale gezogen. Hier wird nicht gefragt „Was kann der Mitarbeiter?", sondern „Was darf der Mitarbeiter?".

Was nicht heißt, dass die Potenziale nicht mehr da wären und sich nicht wieder wecken ließen.

RETTET DIE FRONTSCHWEINE

Haben Sie mal Geschäfte mit traditionell orientierten japanischen Geschäftsleuten gemacht? Das ist ein Erlebnis der dritten Art. Die marschieren nach Hierarchie sortiert in den Konferenzraum rein. Zuerst kommt der „Unwichtigste". Ein meist recht junger Mitarbeiter, der für seine Vorgesetzten nicht viel mehr ist als ein Wasserträger. Vor allem deshalb ist er anwesend: damit sich niemand selbst sein Wasser eingießen oder aufstehen muss, um irgendein Dokument zu suchen. Der Nächste, der reinkommt, darf den Wasserträger immerhin schon anweisen, Wasser einzugießen, aber bei der Verhandlung mitzureden, hat auch er nicht. Dann kommt einer, der vielleicht immerhin schon auf Kommando Bilanzen runterrattern darf. Dann kommen langsam die, die reden und argumentieren dürfen, aber entscheiden dürfen auch sie nichts. Das darf nur einer: Der Boss kommt als Letzter in den Konferenzraum.

Als Verhandlungspartner weiß man also anhand der Einmarschordnung von vornherein: Alle anderen, außer dem Letzten in der Entenfamilie, haben eigentlich nichts zu sagen. Und natürlich wissen die, die zuerst reinmarschieren, dass ich das weiß.

Können Sie sich vorstellen, was das mit der Motivation macht? Warum sollten die sich Mühe geben, über ihre Job Description hinauszuwachsen? Dürfen sie ja gar nicht! Und jetzt raten Sie mal, warum immer mehr japanische Angestellte seit Jahren keinen Bock mehr haben. Warum sich immer mehr von ihnen gegen diese Kultur wehren und aus den starren Systemen der großen Konzerne ausbrechen. Und warum es der japanischen Wirtschaft nicht mehr gut geht in der Wissensgesellschaft.

Erzähle ich Ihnen das, weil wir in Europa das so viel besser machen? Weil das eine System dem anderen überlegen wäre? Nein, ich erzähle Ihnen das, weil ich glaube, dass es in vielen Unternehmen bei uns ganz genauso läuft. Wir zeigen es nur nicht so offensichtlich – wir haben kein Ritual draus gemacht. Was die Japaner traditionell ganz transparent nach außen tragen, damit klare Verhältnisse herrschen, das machen wir schön subtil hinter den Kulissen. In so einer Verhandlungssituation mag das ja noch irgendeinen taktischen Sinn machen. Aber in den meisten Unternehmen machen die Leute, die von ihren Leadern als Frontschweine vorgeschickt werden, gerade den *wichtigsten* Job – jedenfalls in puncto Kundenzufriedenheit. Bei uns in der Hotellerie zum Beispiel.

Wir haben vor nicht allzu langer Zeit das „Kameha Grand Zürich" eröffnet. Wenn Sie bei uns einchecken, wer empfängt Sie dann? Ich bin das in aller Regel nicht, sondern ein Rezeptionsmitarbeiter.

Wenn Sie in einem unserer Restaurants essen gehen, wer kümmert sich dann um Ihr Wohlergehen? Ich nicht und der Restaurantleiter auch nicht. Das machen die Kellnerinnen und Kellner. Wenn Sie nach einem langen Verhandlungstag erschöpft ins Hotel kommen und sich wohlfühlen wollen, wer hat dann Ihr Zimmer für Sie hergerichtet? Nicht ich oder die Leiterin der Qualitätssicherung, sondern das Housekeeping-Team.

Wer hat an diesen Touchpoints den größten Einfluss auf die Zufriedenheit der Kunden? Die Leute, die sich 24 Stunden am Tag um diese Gäste kümmern. Die Concierges, die Kellner, sogar das Housekeeping hat *in der Umsetzung* mehr Einfluss auf die Zufriedenheit des Gastes als ich. Diese Mitarbeiter entscheiden darüber, ob der Gast wiederkommt. Sie leben den Service oder das Produkt – oder eben nicht.

Denken Sie an Ihr Unternehmen: Warum gehen Sie denn an manchen Tagen nach Hause wie gerädert? Warum leiden wir so oft darunter, wie Unternehmen geführt werden? Weil der über Ihnen sich abschottet und Sie vorschickt.

Wer *braucht* also die meisten Freiheiten? Wer *braucht* den größten Handlungs- und Entscheidungsspielraum? Die Mitarbeiter an der Front. Und wer *hat* in den meisten Unternehmen am *wenigsten* Freiheit? Diese Mitarbeiter.

Sie kennen das aus eigenem Erleben: die Verkäuferin, die Ihnen beim Umtausch leider nicht entgegenkommen kann, weil sie das nicht entscheiden darf. Der Handwerker, der erst seinen Chef fragen muss, obwohl er selbst der Experte ist. Der Grafikdesigner, der das erst mit dem Geschäftsführer der Werbeagentur klären muss.

Ich habe einmal einen schönen Satz darüber gelesen: „Wenn der Chef glaubt, er führt, tue ich so, als ob ich arbeite."[16] Das ist das Credo unfreier Mitarbeiter. Diese Menschen haben sich das nicht ausgesucht, in den meisten Fällen jedenfalls. Sie reagieren nur auf ihre Führung – auf den Kontrollwahn der Corporate Monkeys.

COMOs kontrollieren aus der DISTANZ – Leader entwickeln Menschen durch NÄHE.

Wie ist es in Ihrem Unternehmen? Wer hat bei Ihnen den größten direkten Einfluss auf die Kundenzufriedenheit? Sie oder die Mitarbeiter an den Touchpoints? Wenn sie nur Dienst nach Vorschrift machen, dann steigen Sie mit Ihrem Unternehmen nie in die Champions League auf. Und ob diese Mitarbeiter selbstwirksam und motiviert sind, sich beweisen wollen oder ob sie an allen Ecken und Enden gegen irgendwelche hausgemachten Schranken laufen, liegt in unserer Verantwortung als Leader. Denn das ist einzig und allein eine Frage der Führung: Wir fördern entweder freie Entfaltung oder Kontrolle. Meine Erfahrung ist: Freie Menschen in einem freien System produzieren bessere Ergebnisse als Kontrollettis in einem Käfig.

FREI IST, WER SEINE WIRKUNG KENNT

Der erste freie Angestellte, den ich kennenlerne, ist Mehmet. Ich bin damals Rezeptionist im „Kempinski Hotel Gravenbruch" bei Frankfurt am Main. So richtig schön spießig im Stresemann. Von meinen Chefs bekomme ich in der Regel nicht viel mit. Ich stehe hinter dem Rezeptionstresen. Da bin ich einigermaßen festgewachsen. Also unfrei.

Mehmet nicht. Der ist frei. Vor allem nimmt er sich die Freiheit, besser zu sein, als er sein müsste. Mehmet ist Nachthausdiener. Das klingt erst mal nicht nach einem verantwortungsvollen Job, aber Mehmet ist der beste Mann im Haus. Der findet immer was zu tun. Wenn er mit seinen eigentlichen Aufgaben durch ist, also Gepäck tragen, Frühstückskarten einsammeln, Schuhe putzen, dann könnte er sich eigentlich ausruhen. Sich zum Beispiel auf die Sonnenbank legen. Das habe ich als Rezeptionist gemacht, wenn gerade nichts los war. Mehmet poliert in der Zeit das Messing an der Eingangstür. Alles, nur nicht nichts tun. Das ist die Freiheit, die er sich nimmt.

Warum erzähle ich Ihnen das? Mehmet war hierarchisch damals das kleinste Licht im „Kempinski Gravenbruch". Aber er verkörpert das, worauf es ankommt: Er ist der perfekte Gastgeber. Weil er weiß, dass seine kleinen Handgriffe den feinen Unterschied machen. Weil er weiß, dass *er* mit *seiner* Wirkung den entscheidenden Einfluss auf die Zufriedenheit des Gastes hat. Weil er selbstwirksam ist. Frei auf seine Weise.

Brauchen wir als Leader nicht genau solche Mitarbeiter?

Mehmets Excellence ist eine Haltung, die wir als Leader fördern können. Wir müssen uns nur die Freiheit nehmen, das auch zu tun. Leider lernen wir die Kompetenzen, die wir dafür brauchen, nicht an der Uni. Da geht es immer um Mitarbeiterführung, operative Führung, Malen nach Zahlen.

Die meisten Führungskräfte sind ohnehin Fachexperten, die über keinerlei Ausbildung im Bereich des Managements und der Personalführung verfügen. Sie sind für ihre fachlichen Qualitäten als Ingenieure oder Handwerksmeister oder im Service bestimmt befördert worden. In den meisten Unternehmen werden Führungspositionen also von Menschen bekleidet, die sich auf ihrem Fachgebiet auskennen, aber nicht damit, wie man Menschen gewinnt, motiviert, inspiriert. Und wer will ihnen das zum Vorwurf machen? Die meisten von uns sind auf diese Weise aufgestiegen – und es gibt viele gute Gründe, warum das so ist.

Und denjenigen von uns, die tatsächlich im Rahmen irgendeiner Art von Ausbildung auf ihre Führungsposition vorbereitet worden sind, also Chef gelernt haben, wurde eher das Zahlenwerk der Führung gelehrt als das Menschenwerk. Strategie, Prozesse und Controlling statt Empathie, Kommunikation und Motivation.

Was wir wirklich können müssen, hat nicht in erster Linie mit den Prozessen zu tun und – jetzt kommt die Überraschung – nicht einmal in erster Linie mit unseren Mitarbeitern. Wir müssen zuerst bei uns selbst ansetzen, bevor wir andere entwickeln können. Beim Leader höchstpersönlich.

Wenn Sie sich Gedanken darüber machen, welche Art von Leader Sie sein möchten, dann haben Sie keine andere Wahl, als in den Spiegel zu schauen. Setzen Sie bei Ihrem eigenen Verhalten an. Was Führungskräfte brauchen, um andere von der gemeinsamen Mission zu begeistern, ist eine Stimmigkeit zwischen Ratio und Emotion, zwischen den verstandesgeleiteten Maßnahmen von Führung und dem emotionalen Führungsverhalten. Denn Inspiration erwächst aus der Kohärenz zwischen Persönlichkeit, Verhalten und Zielen.

KOPF und HERZ
einer erfolgreichen Führungskraft sind stimmig kalibriert.

Der Erste, der der emotionalen Dimension von Führung eine gewichtige Stimme verliehen und einen theoretischen Rahmen gegeben hat, war der US-amerikanische Psychologe Daniel Goleman. Stimmiges Leadership setzt die vier Kernkompetenzen voraus, die er bereits in den 1990er-Jahren herausgestellt hat und die maßgeblich für das moderne Verständnis von Management und Leadership geworden sind. Sie sind die Basis für jedes Verständnis von Führung, das den Menschen und sein Verhalten in den Mittelpunkt stellt.

Vier Kernkompetenzen emotionaler Führung nach Daniel Goleman[17]

- Selbst-Bewusstsein: Sie verstehen, wie Sie sich fühlen und können Ihr eigenes Verhalten akkurat einschätzen.
- Selbstmanagement: Sie sind in der Lage, Ihre Stimmungen zu managen, sich selbst zu motivieren und Ihre Ziele planmäßig zu erreichen.
- Soziales Bewusstsein: Sie besitzen die Fähigkeit, das Klima in Ihrer Umgebung zu lesen.
- Beziehungsmanagement: Sie können andere ins Boot holen und motivieren.

Bemerkenswert ist an dieser Aufzählung für mich vor allem eines: Erst der letzte Punkt betrifft das, was wir im Alltag so Führung nennen, nämlich aktive Mitarbeiterführung. Sie brauchen aber alle vier, um jeden Mitarbeiter in Ihrem Team zu einem Mehmet zu machen.

Ein Beispiel für die vier Aspekte ist ein Meeting, das ich einmal erlebt habe und an das ich mich sehr deutlich erinnere. Ich war damals Direktor des Ritz-Carlton in Naples/ Florida. Einer meiner Abteilungsleiter war ein ehemaliger Navy Seal, ein richtig harter Brocken also – und entsprechend war auch das Führungsverhalten dieses Leader-Terminators.

Bei jenem Meeting ging es darum, einen ganz bestimmten Teamleiter zu Veränderungen zu bewegen, in dessen Verantwortungsbereich ständig die gleichen Fehler passierten. Jedes Mal wenn sich die Gastbeschwerden häuften und ich mit ihm sprechen musste, weil mal wieder die Handtücher vergessen worden waren oder die Wäsche nicht abgeholt wurde, vollzog er das gleiche Ritual: Er streute sich im übertragenen Sinne einen Eimer Asche aufs Haupt. Jedes Mal versicherte er, er übernehme „full responsibility" für jeden Fehler in seinem Bereich. Nur blieb es leider bei der Rhetorik – operativ änderte er nichts, und die Fehlerschleife begann von vorn.

In diesem Meeting wollten wir, der Terminator und ich, deshalb ein ernstes Wort mit ihm sprechen. Der Terminator, wie sich schnell herausstellte, interpretierte diesen Plan etwas anders als ich. Er setzte sich schon wütend an den Konferenztisch. Offensichtlich hatte sich bei ihm einiger Ärger über diesen nachlässigen Teamleiter aufgestaut. Für einen Navy Seal ist die Mission heilig, und wer nicht mitzieht, kann sich auf etwas gefasst machen.

Das Problem ist nur: Wut ist keine konstruktive Emotion – und Emotionen übertragen sich. „Ansteckende Gefühle" nennt Daniel Goleman das[18]: Verschiedene Typen von Neuronen in unserem Gehirn verursachen, dass wir die emotionalen Signale anderer auffangen und oft eben auch „spiegeln", sodass sich die Wut, die einer an den Tisch mitbringt, auch aufschaukeln kann. Mindestens aber wird sie die anderen einschüchtern; lösungsorientiert wird es jedenfalls nicht zugehen. Wie können wir uns bewusst werden, wie wir auf andere wirken? Zum Beispiel, indem wir gezielt Feedback einholen, als 360-Grad-Feedback vom gesamten Team oder im Einzelgespräch von einem Kollegen unseres Vertrauens.

Der zweite Schritt ist laut Goleman, sich selbst zu managen, also die eigenen Stimmungen nicht nur zu erkennen, sondern auch gezielt darauf einzuwirken, um in eine konstruktivere emotionale Grundstimmung zu kommen. Das hätte der Terminator an diesem Tag unbedingt tun sollen. Die Maßnahme seiner Wahl war vielleicht unter Navy Seals, ganz bestimmt aber nicht in einem Grand-Hotel eine geeignete Motivationsmaßnahme: Er knallte einen Revolver auf den Tisch, fixierte den panischen Teamleiter und sagte: „Du hast versagt. Entweder du tust es oder ich tue es. Deine Entscheidung."

Natürlich hatte er nicht vor zu schießen und wollte auch keinen Suizid provozieren. Die Waffe war, wie ich an diesem Punkt eiligst sicherstellte, nicht geladen. Doch emotionale Kontrolle im Leadership sieht anders aus. Eine Waffe im Meeting dürfte eher die Ausnahme sein, aber mal ehrlich: Wie oft bedrängen wütende, angstgetriebene oder gestresste Führungskräfte Mitarbeiter emotional und merken es nicht einmal? Emotionales Selbstmanagement sollte ein vorbereitender Schritt jeder Führungskommunikation sein.

Der dritte Schritt, nämlich das Klima in der Umgebung zu lesen, ist nicht weniger bedeutsam. In der Abteilung des Terminators herrschte permanente Angst vor den drastischen Maßnahmen des Chefs. Ihm selbst fiel das überhaupt nicht auf. In der Navy waren solche Vorgesetzten nichts Ungewöhnliches – wo war das Problem?

Es kostete mich einiges an Überzeugungsarbeit, um ihm beizubringen, dass man Menschen in der freien Wirtschaft so nicht führen kann und die Stimmung im Team ein wichtiger Erfolgsfaktor ist.

Den vierten Schritt – und den, der für mich das Wesen von Führung ausmacht – bezeichnet auch Goleman als „Beziehungsmanagement". Und ausgerechnet hier hatte unser Terminator eine echte Stärke. In der Kommunikation 1:1 hatte er erhebliche – sagen wir: Defizite. Aber wenn es darum ging, sein Team einzuschwören und für die gemeinsame Mission ins Boot zu holen, blühte der Navy Seal regelrecht auf. Er war ein mitreißender Redner, der einen ganzen Saal von den Sitzen holen konnte. In den USA jedenfalls, wo eine kräftige Dosis Pathos und Patriotismus gut ankommt.

Deshalb sah ich einen guten Leader in ihm – er hatte nur ernsthaft an seinem emotionalen Selbstmanagement und seiner Empathie zu arbeiten. Es war ein hartes Stück Arbeit, doch sogar er, der Navy Seal, wurde irgendwann zu einem stimmigen Leader. Und wenn er das geschafft hat – dann besteht für den Corporate Monkey in jedem von uns allemal noch Hoffnung, wie weit auch immer er sich schon in unser Verhalten geschlichen haben mag. Es ist nie zu spät, sich zu hinterfragen und die emotionale Komponente von Führung vom Unterbewussten ins Bewusste – und damit ins Steuerbare – zu überführen.

UNTERSTÜTZEND FÜHREN: WAS BRAUCHT MEIN MITARBEITER?

Die ersten drei von Golemans Kompetenzen finden in Ihrem Kopf und in Ihrem Herzen statt: Selbst-Bewusstsein, Selbstmanagement, soziales Bewusstsein. Sie sind die Voraussetzung dafür, dass Sie überhaupt in der Lage sind, andere zu unterstützen.

Die Unternehmensberatungsgesellschaft McKinsey hat in einer komplexen Untersuchung ermittelt, welche Verhaltensweisen von Leadern am häufigsten zum Erfolg führen.[19] Dafür wurde anhand von Fachliteratur eine Liste typischer Verhaltensweisen in der Führung erstellt. Dann wurden die Führungskräfte von 81 ganz verschiedenen, sehr erfolgreichen Organisationen gefragt, auf welche Verhaltensweisen sie bei ihrer Führungsarbeit am häufigsten zurückgreifen. Als Top-Priorität erfolgreicher Führung landete klar auf Platz 1: „be supportive". Unterstützend führen ist die wichtigste Komponente des Führungsverhaltens.

Was heißt unterstützend führen? Es bedeutet:

- den Mitarbeiter als Persönlichkeit zu respektieren und seine Fähigkeiten zu erkennen und zu schätzen,
- ihm die Freiheit zu geben, seine Persönlichkeit auszuleben und seine Fähigkeiten zur Anwendung zu bringen,
- ihm die Möglichkeit, also den operativen Rahmen zu schaffen, um diese Potenziale zu nutzen.

Unterstützende FÜHRUNG heißt: den Mitarbeiter sich ENTFALTEN lassen.

Ich konnte neulich ein Team beobachten, in dem unterstützende Führung ganz groß geschrieben wird. Und das in einer Branche, deren Führungsmethoden traditionell gefürchtet sind. Ich gönnte mir einen Besuch im Vendôme in Bergisch Gladbach.

Das Vendôme ist das beste Restaurant Deutschlands. Das ist auch für mich etwas Besonderes – ein Essen dieser Güteklasse genießen zu dürfen, passiert auch mir nicht alle Tage. Joachim Wissler, der Chefkoch, hat mit dem Vendôme drei (!) Michelin-Sterne geholt und hält diese Bewertung seit zehn Jahren aufrecht. Beim Gourmet-Guide *Gault-Millau* hat er unglaubliche 19,5 Punkte erzielt. Das ist die beste Wertung, die je in Deutschland vergeben wurde. Wissler selbst wurde schon mehrfach zum „Koch der Köche" gewählt und hat das Vendôme zu einem der 50 besten Restaurants der Welt ausgebaut. Über die Qualität des Essens, das ich an diesem Abend genießen durfte, muss ich Ihnen wohl nichts mehr erzählen. Die Ergebnisse dieses Restaurants in kulinarischer Hinsicht sprechen für sich.

Doch das ist eben nur eine Dimension. Die andere ist die Service-Qualität. Wie die Service-Mitarbeiter geführt werden, ist für den Gast – zumal für mich – beinahe unmittelbar transparent. Ein schlecht geführtes Service-Team ist ein Desaster, das der Kunde am eigenen Leib zu spüren bekommt. Ein hervorragend geführtes Service-Team dagegen ist eine Offenbarung, die Gäste zu Fans werden lässt.

In einem Restaurant dieser Güteklasse erwartet man vielleicht lauter erfahrene Routiniers. Entsprechend groß war meine Überraschung, als ich mir die Kellnerinnen und Kellner ansah und begann Fragen zu stellen: Der älteste Restaurantmitarbeiter dort ist sage und schreibe 28 Jahre alt. Das Team ist blutjung. Hier herrscht nicht Erfahrung, nicht die klassische, starke Hierarchie der Gastronomie früherer Tage. Hier weht ein ganz anderer Wind. Eine Freude, eine Herzlichkeit, eine Leidenschaft! Wie ich dort so sitze und zwischen den unvergleichlichen Gängen das Treiben beobachte, bin ich schwer beeindruckt. Umso mehr, weil ich aus eigener Erfahrung weiß, welche harte Arbeit hinter einem derart herzlichen Service steckt – der ist immerhin mein eigenes Steckenpferd. Natürlich bin ich neugierig; ich will wissen, wie die Kollegen das geschafft haben. Also frage ich den Restaurantleiter: „Wie kriegst du das hin? Warum strahlen deine Leute wie die Honigkuchenpferde?"

Er gibt mir eine eindeutige Antwort: „Weil die Stimmung stimmt." Na gut, denke ich, das sehe ich auch – aber wie erzeugt er die? Der Kollege lässt sich nicht lange bitten und erklärt mir seine Philosophie der Mitarbeiterführung: Er versteht sich als „Spielertrainer". Er sagt: „Mein Job ist es, vor dem Service dafür zu sorgen, dass alle Spieler mit der besten Laune aufs Feld gehen. Früher wurden in den Restaurants Pfannen geworfen und ständig Leute angebrüllt. Heute geht es darum, jeden Einzelnen bis zum Äußersten zu motivieren. Damit er seine beste Leistung bringt."

Das ist das Geheimnis der exzellenten Mitarbeiterführung in diesem Restaurant – stimmungshebende Beziehungspflege als Motivationsstrategie.

Meine Begleiterin und ich spüren das an diesem Abend zum Beispiel bei unserem Getränkekellner. Wir haben uns gerade erst hingesetzt, da steht er schon mit dem besten Champagner vor uns, einer Flasche Krug. Er lächelt uns an und sagt: „Zwei Gläser?"

Nun ist mir aus beruflichen Gründen der Preis einer Flasche Krug in einem Restaurant dieser Klasse nicht unbekannt. Mit dem Gedanken an die Rechnung sage ich: „Ach, sehen Sie es mir nach, wir haben oben schon zwei Gläser getrunken …" Wir haben uns für den Abend nämlich auch ein Zimmer im „Grand Hotel Schloss Bensberg" gegönnt, zu dem das Vendôme gehört.

Und da sagt der 24-jährige Kellner ganz entspannt: „Macht doch nichts, Herr Rath! Bei mir fangen Sie immer wieder von vorne an."

Wie cool ist das denn? Da steht dieser junge Kerl vor uns, dessen Papa und Chef ich gleichermaßen sein könnte, und wickelt uns mit den ersten beiden Sätzen ganz charmant um den Finger. Damit ein Mitarbeiter so mit den Gästen flirtet, damit sich diese Stimmung überträgt, darauf können wir nur mit einem unterstützenden, motivierenden Führungsstil einwirken. Denn dieser Charme lässt sich nicht antrainieren – den hat der junge Mann einfach als Qualifikation für diesen Job mitgebracht. Und sein Restaurantleiter, Entschuldigung, Spielertrainer bietet ihm eine Plattform, dieses wertvolle Service-Talent auszuleben.

Er ruft sein Team jedes Mal vor der Schicht zusammen, wie es auch Bundestrainer Jogi Löw vor Spielen der Nationalmannschaft tut. Er schnuppert, frei nach Daniel Goleman, in die Stimmung im Team hinein: Wie sind meine Leute drauf? Wer hat welche Stärke, wer braucht heute welche Unterstützung? Und nach dieser empathischen Bestandsaufnahme baut er seine „Spieler" auf, stimmt sie ein wie vor einem Nationalmannschaftsspiel.

Dieses Restaurant ist deshalb so gut, weil dieser Team-Leader mitarbeitet, mitfühlt, vorlebt. Und weil er den Service an jedem einzelnen Abend als Endspiel um die Weltmeisterschaft betrachtet. Nichts weniger ist der Anspruch im Vendôme: Weltklasse gestern und heute und morgen erst recht. Hier hat das Leadership die Devise verinnerlicht, an die auch ich meine Mitarbeiter bei jeder passenden und unpassenden Gelegenheit erinnere: *Es geht immer um alles.*

EIN HEBEL, UM CHAMPIONS IM UNTERNEHMEN ZU HALTEN

Damals, als ich im „Kempinski Hotel Gravenbruch Frankfurt" hinter der Rezeption stand und Mehmet für seinen Willen zur Excellence bewunderte, war an so etwas wie geteilte Leidenschaft gar nicht zu denken. Das System ließ eine freie Entfaltung der Mitarbeiter in dieser Form nicht zu. Persönliche Talente und Vorzüge zu betonen oder gezielt zu entwickeln, war nur in sehr eingeschränktem Umfang möglich. Und ich war jung und unerfahren. Damals verstand ich noch nicht, dass Mitarbeiter wie Mehmet keine Glückstreffer sein müssen. Schon gar nicht wurde es mir beigebracht.

Nur stimmiges Leadership sorgt dafür, dass Mitarbeiter so werden wie Mehmet oder wie der Kellner im Vendôme. Ich habe viele schmerzliche Erfahrungen im Monkey Business machen müssen, um das zu verstehen. Heute versuche ich nur noch mit Mehmets zu arbeiten. Ich sorge aktiv dafür, dass jeder Mitarbeiter in meinen Unternehmen ein Mehmet wird, wenn er noch keiner ist. Und ich verrate Ihnen auch, wie.

Als Leader haben wir einen Hebel in der Hand, um unseren Mitarbeitern Freiheit zu schenken. Einen, der uns absolut nichts kostet, außer vielleicht ein paar alte Glaubenssätze.

Engagement hoch, Motivation hoch, Stimmung hoch, Ergebnisse hoch, alles mit einem Hebel.

Es klingt erschreckend einfach, doch in der Komplexität von Leadership gedacht ist es anspruchsvoll genug: *Ich vertraue meinen Mitarbeitern.* Das ist der Hebel.

Ich betrachte Leadership als Beziehungspflege. Weil ich weiß, was passiert, wenn ich das nicht tue. Zum einen stagnieren zuerst die Innovationskraft und dann die Ergebnisse. Denn Innovation gibt es nicht ohne Risiko. Mutig neue Wege zu gehen oder überhaupt eine gewagte Idee in den Raum zu stellen, ist das Letzte, was ein Mitarbeiter tun wird, der sich vor seinem kontrollsüchtigen Chef keine Blöße geben will. Vertrauen ist das Gegenteil von Kontrolle. Deshalb ist es im Monkey Business ein Fremdwort. Das ist der erste Grund, warum Vertrauen als Bestandteil eines Leaderships im Zeichen der Freiheit unverzichtbar ist. Denn Freiheit ohne Vertrauen erzeugt Angst.

Ein Chef, der seinen Mitarbeitern nicht VERTRAUT, hat Mitarbeiter, die sich nichts TRAUEN.

Doch Vertrauen schafft nicht nur einen Wettbewerbsvorteil, weil es Innovation und Kreativität freisetzt, sondern auch einen Vorteil bei der Personalentwicklung. Wenn ich die Hierarchie in den Vordergrund stelle, schlage ich damit ausgerechnet die Mitarbeiter in die Flucht, die unabhängig denken und handeln. Die Konsequenz: Dann hauen mir meine Mehmets ab. Ich will aber, dass sie bleiben, *obwohl* sie gehen könnten. Denn machen wir uns doch bitte nichts vor: Die guten Leute könnten immer gehen. Richard Branson, der Entrepreneur und Milliardär, hat einen sehr wertvollen Satz gesagt: „Train them well enough so they can leave. Treat them well enough so they don't want to." – „Trainiere sie so gut, dass sie gehen könnten. Behandle sie so gut, dass sie bleiben wollen."[20]

WER FÜHREN WILL, BRAUCHT MITARBEITER

Ich werde manchmal noch immer schief dafür angesehen, wenn ich das so deutlich ausspreche, aber ich bin fest davon überzeugt: Wer als Chef heute noch glaubt, dass Abhängigkeit die beste Bindung erzeugt, der hat den Schuss nicht gehört. Wir haben das 21. Jahrhundert, wir haben Fachkräftemangel in praktisch allen Branchen, wir haben die Generationen Y und Z. Neulich bin ich am Van eines Installateurbetriebs vorbeigelaufen, der hatte einen Aushang im Heckfenster:

„Auszubildende dringend gesucht! Überdurchschnittliche Bezahlung, spannende Herausforderungen, tolle Arbeitsatmosphäre!"

Wie verzweifelt muss ein Arbeitgeber sein und wie aussichtslos die Suche nach Kandidaten über die üblichen Kanäle, wenn er zu solchen Mitteln greift? Wie weit ist der Fachkräftemangel schon fortgeschritten? Und wir sprechen hier nicht von einem hoch spezialisierten Software-Ingenieur, wir sprechen von einem Heizungsinstallateur. In den technologieaffinen Branchen, wo manche Spezialqualifikation heute quasi schon eine Job-Garantie beinhaltet, ist die Situation noch um einiges angespannter. Hier ist längst Realität, was in manch anderen Branchen erst langsam beginnt: Die besten Leute zu finden, ist die eine Sache; sie zu halten, eine weitere. Beides erfordert unsere volle Aufmerksamkeit als Leader, denn:

TALENTSUCHE ist CHEFSACHE.

91

Dice, eine britische Recruiting-Plattform für IT-Kräfte, hat das mit einer umstrittenen Werbekampagne auf den Punkt gebracht: Sie zeigt spärlich bekleidete Software-Entwickler und andere Tech-Spezialisten auf großformatigen Plakaten mit dem Slogan „Finden Sie die heißesten Tech-Talente", zum Beispiel Spencer (UX-Ingenieur), Kamari (Ruby-Entwicklerin), Kevin (Python-Entwickler) und Sam (Frontend-Entwickler. Diese Auswahl der Models ziert auch das Cover einer Arbeitsmarktanalyse von Dice, das der Schlussfolgerung aus den erhobenen Daten damit vorgreift: Diese jungen „Talente", so die Idee der Kampagne, sind heiß – nämlich heiß begehrt auf dem Karrieremarkt. Unternehmen, die nicht realisieren, wie „sexy" ihre hoch qualifizierten Mitarbeiter inzwischen auch für andere sind, müssen sich warm anziehen: Nie war Fremdgehen so einfach für unsere besten Mitarbeiter.

Natürlich ist der Mangel noch nicht in jeder Branche so deutlich spürbar wie in der Tech-Branche. Doch auch zum Beispiel in der Hotellerie ist er längst zu spüren. Als wir für das „Kameha Grand Zürich" Mitarbeiter gesucht haben, hat sich eine Dame beworben, die als beste Qualifikation einen eigenen Hotelaufenthalt vor einigen Jahren genannt hat. Ein anderer Bewerber hat sich tierisch darauf gefreut, bei Kamel zu arbeiten. Und ein Barkeeper hat sich mit Oben-ohne-Foto beworben. Bei 8000 Bewerbungen hatten wir zwar genügend Auswahl und letztlich keinen Mangel an hoch qualifizierten Talenten, doch wir haben gespürt: Die Zeiten ändern sich.

Vielleicht macht sich dieser Rückgang qualifizierter Bewerber in Ihrem Unternehmen auch noch nicht so stark bemerkbar. Doch die besten Mitarbeiter abzuschöpfen, wird immer schwerer. In Deutschland fehlen in den nächsten zehn Jahren 6,5 Millionen Fachkräfte. 6,5 Millionen, in zehn Jahren! Das ist die Einwohnerzahl der drei größten deutschen Städte zusammengenommen! Das bringt Unternehmen, die als Arbeitgebermarke nicht ausreichend stark positioniert sind und wirklich etwas zu bieten haben, in echte Bedrängnis. Und das Defizit macht nicht beim Recruiting halt: Gleichzeitig wird es für unzufriedene Mitarbeiter immer leichter zu gehen, wenn wir sie nicht zu begeistern vermögen. Früher hatten die Mitarbeiter die Bringschuld, heute haben wir sie als Arbeitgeber. Wie sollen wir darauf denn reagieren, wenn nicht mit Leadership?

So viele Mehmets, wie wir sie in den nächsten Jahren brauchen, gibt es gar nicht. Seien Sie froh über jeden, den Sie finden, und lassen Sie ihn seine Arbeit machen. Schränken Sie ihn nicht ein – geben Sie ihm Freiraum, damit er bleiben *will*.

Der
„WAR FOR TALENT",

der Krieg um die besten Leute, ist längst entschieden – und gewonnen haben die Mitarbeiter!

WAS MITARBEITER WOLLEN

Was verleitet Mitarbeiter zu kommen? Und wer sorgt dafür, dass sie bleiben? Laut dem *Talent Report* der internationalen Personalagentur Towers Watson[21] sind das eben nicht extrinsische Motivationsfaktoren wie zum Beispiel Firmenwagen, Gehaltserhöhung, Boni oder Vergünstigungen. Vielmehr stehen an erster Stelle – und das gilt nicht erst seit den Millennials – diese Faktoren:

- positives Betriebsklima
- fördernder Führungsstil
- persönliche Entwicklungsmöglichkeiten
- gemeinschaftsfördernde Maßnahmen
- Selbstverwirklichung

Es braucht nicht viel Fantasie, um zu erkennen: Das sind alles Faktoren, die aus der Dualität von Freiheit und Verantwortung entstehen. Ein positives Betriebsklima herrscht dort, wo ein Mitarbeiter er selbst sein kann, ohne Repressalien zu fürchten. Ein fördernder Führungsstil setzt die Freiheit des Mitarbeiters voraus, sich ausprobieren zu können. Daraus erwächst ganz natürlich die Möglichkeit der persönlichen Weiterentwicklung: Kann der Mitarbeiter die Früchte seiner Entwicklung nicht ernten, zum Beispiel weil er nach oben irgendwann an eine gläserne Decke stößt, wird er entweder gehen oder seinen Enthusiasmus verlieren. Gemeinschaftsfördernde Maßnahmen, also zum Beispiel Betriebsfeiern – das klingt immer nach Party und Abhängen, ist aber tatsächlich ein wichtiger Bestandteil der Vertrauensbildung. Und die ist notwendig, damit ein persönliches Verantwortungsgefühl entsteht und wächst. Dasselbe gilt für die Selbstverwirklichung: Ein Mitarbeiter, der in seiner Aufgabe aufgeht, spürt die Verantwortung für das Wohlergehen des Unternehmens am eigenen Leib. Es wird zu einem Teil von ihm, weil er sich als Teil des Ganzen fühlt.

Firmenwagen, Gehaltserhöhungen und Boni können all das nicht leisten, denn ihnen fehlt die Emotionalität. Sie suggerieren immer: Ich entschädige dich für etwas, das du *für mich* tust, und damit sind wir quitt. Das ist keine Motivation, sondern ein Grundprinzip der Marktwirtschaft. Das ist selbstverständlich und notwendig, aber bei Weitem kein ausreichendes Argument mehr im „war for talent". Der wird über Emotionen entschieden. Mitarbeiterbindung ist keine rein marktwirtschaftliche Aufgabe mehr, sondern eine Frage der Beziehungspflege. Und deshalb eine vordringliche Aufgabe der Führung. Auf die Gefahr hin, dass es pathetisch klingt:

Ein ECHTER LEADER kauft seine Leute nicht, er LIEBT sie.

Und nein, das ist keine Steilvorlage, um die Assistentin oder den Assistenten nach Dienstschluss noch bleiben zu lassen … Vielmehr gibt es ganz handfeste Handlungsmöglichkeiten, um die wichtigsten Anreize für Mitarbeiter zu geben. Denn Mitarbeiter haben durchaus auch ein konkretes Bild von einer Führung, die sie zu bleiben motiviert. Auch darüber geben verschiedene Studien Aufschluss. Daraus lassen sich konkrete Verhaltensweisen der Führung ableiten, die die Mitarbeiterbegeisterung sichern können:

- Interesse der Führung an den Mitarbeitern
- Förderung von beruflichen Fähigkeiten
- Führung als Vorbild in Bezug auf Werte
- Entscheidungsfreiheit (!)
- Ruf des Arbeitgebers/Employer Brand
- anspruchsvolles Aufgabenspektrum
- Teamarbeit
- hohe Kundenorientierung
- gutes Arbeitsklima
- Nachvollziehbarkeit des individuellen Lohns und Gehalts

Erst beim letzten Punkt dieser Liste geht es um Geld, und selbst dann geht es nicht darum, dass die Entlohnung möglichst hoch sein soll – sondern nachvollziehbar. Das spricht für ein hohes Maß an Verantwortungsgefühl seitens der Mitarbeiter, finden Sie nicht auch? Bei allen anderen Punkten geht es um eine Führung, die den Mitarbeitern die nötigen Freiheiten und einen attraktiven Rahmen bietet, um ihre Potenziale zu nutzen: Chancen und Entfaltung statt Weisung und Kontrolle.

WAS NEUE MITARBEITER WOLLEN

Heute wird oft – und manchmal zu Recht – danach gefragt, welche neuen Bedürfnisse die Generationen Y und Z mit an ihren Arbeitsplatz bringen. Wirklich konkret zu beantworten ist die Frage nach den Qualitäten von Führung heute und morgen aber erst, wenn der Kontext der sich verändernden Arbeitswelt mit in die Betrachtung einbezogen wird. Also nicht nur „Mit was für Leuten haben wir es zu tun?", sondern auch „Wie arbeiten wir alle in Zukunft zusammen?". Beides ist im Umbruch, und deshalb tun wir gut daran, uns beide Fragen gemeinsam zu stellen.

Oft ist zum Beispiel vom „Arbeitsplatz als Demokratielabor" die Rede. Manchem Corporate Monkey – oder auch einfach nur: Chef der alten Schule – geht bei solchen Formulierungen der Hintern auf Grundeis, und das ist grundsätzlich auch nachvollziehbar. Doch die neue Arbeitswelt zwingt uns regelrecht in diese Entwicklung hinein. Als Führungskräfte treffen wir in Zukunft auf Mitarbeiter, die es gewohnt sind, vernetzt und im Team zu leben und zu arbeiten. Die vermeintliche physische „Vereinsamung" des digitalen Wissensarbeiters verstärkt diesen Trend eher noch.

Wir bekommen es also mit Mitarbeitern zu tun, die das Miteinander explizit wollen und suchen und die sich nicht mehr als einsame Wölfe auf dem Karrierepfad verstehen. Sie sind bereit und daran gewöhnt, auch mit dem Kunden ein Team zu bilden – zum Beispiel, wenn der das Produkt in der Crowd selbst gestaltet. Für viele Start-ups ist dieses Modell der Einbeziehung in den Entwicklungsprozess längst Realität. Auch Partner in Projekten sind zukünftig viel aktiver in Entwicklung und Marketing eingebunden. Wir haben es also mit einem Arbeitsalltag zu tun, der sich oft nicht mehr in simplen, eindimensionalen Prozessen abbilden lässt, sondern eher auf das Management eines vielfältigen Beziehungsgeflechts hinausläuft, in dem der Mitarbeiter zwingend eine hohe Verantwortung übernehmen muss.

Das kann nicht funktionieren, wenn wir dem Mitarbeiter diese Verantwortung nicht zutrauen. Und wenn wir ihm nicht die nötigen Freiheiten geben, um innerhalb seines Verantwortungsbereichs und im gesetzten Rahmen relativ autonom zu agieren.

Und genau das ist es, was die neuen Mitarbeiter von uns erwarten. Die inzwischen vielfach verfügbaren Auflistungen der Bedürfnisse der Y'er bieten darüber Aufschluss: Im Wesentlichen sind es meist die Faktoren, die weiter oben bereits als „intrinsische Faktoren" aufgelistet wurden. Eine Erhebung des Zukunftsinstituts hat gezeigt, dass die Vorstellungen von Arbeit in den jungen Generationen in hohem Maße wertgetrieben sind.[22] Arbeit ist nicht in erster Linie da, um Geld zu verdienen (obwohl diese Notwendigkeit natürlich nicht außen vor ist), sondern um ein erfülltes Leben zu führen. Dazu passt natürlich kein Job, in dem Weisungen erteilt werden, die einfach abgearbeitet werden, bis man um 17 Uhr pünktlich die Stechkarte durchzieht. Die Studie spricht von einer „Subjektivierung der Arbeit": „Der Job ist immer seltener ein Zwang zur Sicherung des Lebensunterhalts, sondern eine erfüllende Tätigkeit, auf die Menschen stolz sein wollen und die sie gern ausführen. Erwerbsarbeit wird nicht mehr als ein vom übrigen Leben abgelöster Prozess verstanden, sondern ist integraler Bestandteil eines erfüllten Lebens. Arbeitszeit wird zu Lebenszeit."

Das bedeutet natürlich, dass Arbeit sich für Mitarbeiter in Zukunft auch stärker nach Leben anfühlen sollte und eben nicht mehr einfach nur nach Fronarbeit nach dem Motto „Leistung gegen Geld". Das entscheidende Werkzeug dafür sind die Beziehungen am Arbeitsplatz: das Wir-Gefühl, das verantwortungsvolle Miteinander, die gemeinsame Motivation.

Das Klischee stimmt: Die jungen Leute haben KEINEN BOCK auf Arbeit. Sie haben nämlich viel mehr Bock darauf, GEMEINSAM ZIELE zu erreichen.

Und was können wir dafür tun, dass dieses zentrale Bedürfnis, diese wertgetriebene Vorstellung von Arbeit für die heiß begehrten jungen Talente befriedigt wird? Ganz einfach: Als Führungskräfte dürfen wir uns endlich darauf einlassen, auf die Menschen zu setzen. Das kann uns Angst machen, weil Menschen sich nicht mit

Algorithmen steuern lassen. Es kann uns aber auch entlasten. Denn es bedeutet: Führung darf endlich auf Menschen vertrauen anstatt auf Benchmarks.

Die Führungskraft der Zukunft darf Mensch sein.

Auf die Arbeitsrealität übersetzt sieht das zum Beispiel so aus: Die Digitalisierung verändert die Arbeitsprozesse grundlegend, und damit auch die Art, wie wir miteinander arbeiten. Ein netzwerkerprobter Millennial beherrscht die Beziehungspflege und die technischen Voraussetzungen für die neue, vernetzte Art zu arbeiten in vielen Fällen besser als sein (älterer) Vorgesetzter. Wenn der ihn einschränkt, anstatt auf dieses Potenzial zu setzen und das entsprechende Maß an Verantwortung zu delegieren, sind Konflikte vorprogrammiert. Fertig ist der gefühlte Generationenkonflikt – entstanden durch inkonsequente, weil kontrollsüchtige Führung, die mit der Realität der Arbeitswelt nicht mehr vereinbar ist.

LEADER
managen Beziehungen –
CORPORATE
MONKEYS
verwalten Kokosnüsse.

Wenn es Führung jedoch gelingt, solche ganz konkreten Veränderungen der Arbeitswelt und die damit einhergehenden Bedürfnisse der Mitarbeiter in mehr Vertrauen umzusetzen anstatt in mehr Prozesse, Meetings und Kontrolle, dann wird Führung nicht nur effizienter, sondern auch effektiver. Dann wird durch die Digitalisierung der Arbeitswelt eine ganz neue Ergebnisqualität möglich – und Mitarbeiterbegeisterung noch dazu. Und auch das darf nicht unterschätzt werden: *Begeisterte „digitale Mitarbeiter" sind die Voraussetzung für begeisterte „digitale Kunden".*

Wer die Generationen Y und Z durch unzeitgemäße Führung verscheucht, verbaut sich auch den Zugang zu den Kunden aus dieser Generationen. Und wenn Sie jetzt denken, uns Führungskräften stehen angesichts der Forderung nach Vertrauen in eine

„unvertraute" Generation und Aufbruch in eine Führung durch Beziehungsmanagement harte Zeiten bevor, dann möchte ich Sie gleich beruhigen: Uns wird es damit auch besser gehen. Unseren Unternehmen erst recht. Allen möglichen Anpassungsschwierigkeiten zum Trotz. Denn jenseits von den Veränderungen der Mitarbeiterbedürfnisse und der Arbeitswelt hatte eine unfreie Führung durch Abhängigkeiten schon immer einen schwerwiegenden Nachteil:

Kontrolle erzeugt ABHÄNGIGKEIT.

Und Abhängigkeit erzeugt STANDARD-RESULTATE.

Ich führe Grand-Hotels. Standardresultate kann ich mir nicht leisten. Sie etwa? Selbst wenn Sie in einer der wenigen Branchen arbeiten und führen, in denen Sie noch mit nichts als einem guten Produkt konkurrenzlos sein können: Als Arbeitgebermarke gewinnen Sie mit einem Führungsstil, der auf Abhängigkeiten setzt, keinen Blumentopf mehr. Ich bin davon überzeugt, dass beide Seiten nur gewinnen können – Arbeitgeber und Arbeitnehmer –, wenn sie sich auf die neuen Bedingungen und Bedürfnisse einlassen und einstellen.

Um Champions zu werden, zu sein oder zu bleiben, brauchen wir Champions. Also holen wir sie uns, geben wir ihnen, was sie brauchen, und halten wir sie!

Bleibt die Frage: Wie stellen wir das an? Was genau zeichnet sie aus, die Mitarbeiterführung im Zeichen der Freiheit?

MITARBEITERBINDUNG = V⁴

Meine Führungsstrategie lautet: V hoch 4. Vertrauen ist das große V. Dieter Frey, der Leiter des Centers für Leadership und People Management an der Ludwig-Maximilian-Universität in München, spricht von drei weiteren V: Vorbild, Verantwortung und Verpflichtung.[23]

Meine Führungsstrategie

$$V^4$$

Vertrauen
Vorbild
Verantwortung
Verpflichtung

Alle vier V beschreiben die Rolle des Leaders. *Vertrauen* funktioniert in der Führung nur, wenn eine Führungskraft ihrer Rolle auch im Sinne der anderen drei V gerecht wird:

Wenn ich will, dass meine Mitarbeiter freiwillig und selbstbestimmt handeln, dann muss ich ihnen das als *Vorbild* vorleben. Alles, was ich einfordere, ohne selbst glaubwürdig dafür zu stehen, kaufen meine Mitarbeiter mir nicht ab und werden es auch selbst nicht zu einem Prinzip machen. Im Service-Bereich beispielsweise gibt es sehr viele Führungskräfte, die von ihren Mitarbeitern absolute Kundenorientierung verlangen – und dann bei jeder passenden und unpassenden Gelegenheit über die Kunden lästern.

Wenn ich als Führungskraft erwarte, dass meine Mitarbeiter *Verantwortung* für gemeinsame Ziele übernehmen, dann muss ich mich als verantwortungsbewusster Chef zeigen. Knicke ich dagegen in der schwierigsten Phase eines Projekts ein, zum Beispiel weil eine Führungsebene über mir eine Budget-Kürzung beschlossen wird, kann ich nicht von meinem Team erwarten, dass es ab sofort noch härter arbeitet. Das gilt übrigens auch für den Umgang mit den persönlichen Ressourcen: Ein Chef, der keine Selbstverantwortung übernimmt und sich vollkommen überarbeitet, bringt seinen Mitarbeitern damit eine gefährliche Strategie für mehr Leistungsfähigkeit bei.

Wenn ich will, dass meine Mitarbeiter dem Unternehmen gegenüber *Verpflichtung* fühlen, dann muss ich ihnen demonstrieren, dass ich mich selbst unserer Mission verpflichtet fühle. Dies ist die Säule, die bei den Corporate Monkeys zuerst wegknickt. Denn sie fühlen sich ganz anderen Motiven verpflichtet als dem Unternehmenserfolg, der Kundenzufriedenheit, der gemeinsamen Mission. Sie sind auf ihren eigenen Vorteil bedacht. Die Finanzkrise ab 2008 hat sehr deutlich gezeigt, was dann passiert: Wenn eine Gruppe von Menschen oder auch einzelne COMOs das System manipulieren (können), damit es zu ihrem Vorteil arbeitet, sind Katastrophen vorprogrammiert. In diesem Fall brach eine ganze Industrie unter den Machenschaften der COMOs zusammen, und die Wirtschaft hat sich bis heute nicht endgültig davon erholt. Vielmehr deutet vieles darauf hin, dass die COMOs keineswegs effektiv entmachtet wurden, sondern längst wieder das System aufs Neue von innen aushöhlen. Bis es ein weiteres Mal über ihnen zusammenbricht.

Eine wichtige Lehre der Finanzkrise und anderer Wirtschaftsskandale der letzten Jahre: Wenn COMOs zu lange zu viel Erfolg haben, dann stimmt mit dem System etwas nicht. Die vier V sind die Säulen der Freiheit. Auf denen ruht sie. Wer diese Säulen nicht achtet, ist mit der Freiheit überfordert. Ohne die vier Säulen, ohne die vier V ist Freiheit nicht zu haben. Leider gibt es die Unbelehrbaren unter den COMOs – wie jene, die die Finanzwelt immer wieder in Krisen stürzen. Es gibt jene faulen Äpfel im Korb, die wir nur verabschieden können, bevor sie dem Unternehmen irreparable Schäden zufügen. Doch das sind Ausnahmefälle. Wenn wir – und das ist der häufigere Fall – unsere Mitarbeiter durch schlechte Führung selbst zu Corporate Monkeys gemacht haben, dann gibt es Hoffnung. Denn dann können wir genau da ansetzen, bei der Führung, und unsere eigenen Fehler korrigieren. V^4 liefert uns dafür eine konkrete Handhabe. Es hilft uns, die faulen Äpfel auszusortieren und alle anderen zu binden und neu zu begeistern.

Wirkungsweise von V^4 in der Mitarbeiterführung

- *Vertrauen:* COMOs vertrauen nicht und sind nicht vertrauenswürdig. Ein Mitarbeiter dagegen, der Ihnen vertraut, verdient auch Ihr Vertrauen.
- *Vorbild:* COMOs haben keine Vorbilder; sie orientieren sich an der Kokosnuss. Ein Mitarbeiter, der einen Leader auch ohne Zwang und Kontrolle anerkennt, verdient auch die Anerkennung des Leaders.
- *Verantwortung:* COMOs lehnen Verantwortung ab; an dieser Stelle steht bei ihnen der Eigennutzen. Einem Mitarbeiter, der freiwillig Verantwortung für die gemeinsamen Ziele übernimmt, können wir guten Gewissens Verantwortung übertragen.
- *Verpflichtung:* COMOs sind nur sich selbst verpflichtet; ihre einzige Motivation sind Boni und Gehaltserhöhungen. Sobald das Schiff einmal Schlagseite bekommt, werden sie von Bord gehen. Vertrauenswürdige Mitarbeiter spüren ihre Verpflichtung als Eigenmotivation. Sie werden sich auch ohne Anweisung für Sie reinhängen, wenn es mal eng wird. Sie verdienen, dass Sie das Gleiche für sie tun. Wer seine Mitarbeiter fallen lässt, darf sich nicht wundern, wenn sie sich fallen lassen.

Mit diesem kleinen „Diagnose-Tool", mit dem sich Corporate Monkeys erkennen lassen, sind zugleich die Aufgaben der Führung umschrieben. Wenn Sie feststellen, dass Ihr Unternehmen den COMOs einen guten Nährboden bietet, zögern Sie nicht, sondern handeln Sie. Geben Sie Ihren Mitarbeitern Freiräume – und beobachten Sie, was passiert. Wenn die COMOs in unserem System gedeihen, sollten wir ihren Lebensraum verändern. Zu einem Habitat voller Lernchancen, Vertrauensvorschuss und Freiheit.

MITARBEITERFÜHRUNG OHNE ABHÄNGIGKEITEN: SO KLAPPT DER EINSTIEG

Vertrauen, das Gegenteil von Kontrolle, ist die wahrscheinlich wichtigste Leitplanke der Freiheit. Deshalb: Geben Sie Ihren Mitarbeitern einen Vertrauensvorschuss. Ich weiß, das klingt gefährlich. Doch es ist genauso wirkungsvoll wie einfach. Die besten von ihnen werden aufblühen. Und die COMOs werden entweder auffliegen oder freiwillig das Weite suchen. Denn Vertrauen verlangt Ergebnisse.

Mitarbeiterführung – erste Schritte in die Freiheit

- Überlegen Sie, wo Sie Ihren Mitarbeitern mehr Vertrauen schenken können, indem Sie ihnen Gestaltungsspielräume geben. Solange Führung sich auf Vorgaben beschränkt, haben Corporate Monkeys leichtes Spiel – und die besten Mitarbeiter keine Chance, ihre Potenziale unter Beweis zu stellen.
- Sprechen Sie weniger über das Was und mehr über das Wie. Wie es geht, können die Mitarbeiter nämlich meistens viel besser einschätzen als wir. Vor allem aber sprechen Sie so oft wie möglich über das Warum. Denn das ist die Basis für alles andere – die Grundlage des Vertrauens.
- Lassen Sie zu, dass Ihre Mitarbeiter Spaß an der Verantwortung haben. Das mag seltsam klingen, ist aber sehr wichtig. Wenn die Mitglieder eines Teams mal lachen und feixen, heißt das nicht unbedingt, dass sie ihre Aufgaben nicht ernst nehmen. Es kann auch heißen, dass sie in ihrem Element sind, dass sie gut zusammenarbeiten, dass sie Spaß an der Sache haben. Sorgen Sie dafür, dass in Ihrem Unternehmen niemand zum Lachen in den Keller gehen muss. Auch das gehört zu einer vertrauensvollen Führungskultur.

Die goldene Regel
der Mitarbeiterführung:
VERTRAUEN
ist gut,
MEHR
VERTRAUEN
ist besser.
Und dann:
Vorbild,
Verantwortung,
Verpflichtung.

3. REDE-FREIHEIT

WARUM STARKE CHEFS KLARE WORTE SPRECHEN

BALZENDE PAVIANE: KOMMUNIKATIONSFALLEN IN DER FÜHRUNG

1992 ging ich nach Peking, noch bevor China kapitalistischer wurde als der Westen. Dort wurde ich Gastronomiedirektor im „Kempinski Hotel Beijing" im Lufthansa-Center. In China hatte ich zwar einige deutsche Kollegen, aber die große Mehrheit meiner Mitarbeiter waren Chinesen. 850 Chinesen, um genau zu sein. Es ist ein sehr, sehr großes Hotel.

Können Sie sich vorstellen, wie oft ich damals gegen eine Kommunikationsbarriere gerannt bin? China war damals längst nicht so offen, wie es heute ist. Die kulturellen Unterschiede wogen schwer. Jeder einzelne Tag wurde zum Eiertanz. Bei jedem Einzelfall, jedem Konflikt, jedem Gespräch musste ich abwägen zwischen dem Führungsverhalten, das im Westen völlig normal gewesen wäre, und dem, was hier kulturell und politisch opportun war – ohne die falschen Würdenträger zu verprellen. Denn die meisten der Chinesen, die bei uns arbeiteten, waren privilegiert. Ohne gute Verbindungen zur Partei war es praktisch unmöglich, einen Job im Lufthansa-Center zu ergattern. Für die meisten Chinesen waren solche westlichen Luxuspaläste damals ein fernes Schlaraffenland, das wenigen vorbehalten blieb.

Ich hatte es im Arbeitsalltag also mit einer ganzen Reihe von kulturellen Codes zu tun. Einer davon, und im Alltag der hinderlichste, war natürlich die Sprache: Ich beherrschte nur bruchstückhaft Mandarin und die meisten chinesischen Angestellten nur rudimentär Englisch. In China lernte ich eine wichtige Lektion auf die harte Tour:

KOMMUNIKATIONS-BARRIEREN sind ein tödliches Hindernis in der FÜHRUNG.

Einmal hätte mir eine Kommunikationsbarriere in Peking fast den Hals gebrochen. Buchstäblich. Und ausgerechnet in diesem Fall hatte ich es gar nicht mit Chinesen zu tun, sondern mit meinen eigenen Landsleuten.

In der Lobby des Hotels gab es riesige Glaskästen für Aushänge, wie Sie sie bestimmt aus Hotels und öffentlichen Gebäuden kennen. Darin bewarben wir spezielle gastronomische Angebote und Veranstaltungen auf riesigen Postern. Gerade bin ich damit beschäftigt, eines davon in einem dieser Kästen auszutauschen. Das kann ich ja mal schnell machen, denke ich mir, ohne Mitarbeiter dafür zu binden, die anderswo gebraucht werden. Das erweist sich leider als klarer Fall von Selbstüberschätzung. Der Kasten und damit auch die Glasscheibe, die ich lösen muss, um die Poster austauschen zu können, hat eine Fläche von ungefähr zwei mal drei Metern. Man kann sich unschwer vorstellen: So eine Scheibe ist wahnsinnig schwer. Leider habe ich mir das nicht vorgestellt, oder ich halte mich an diesem Morgen für den unglaublichen Hulk, oder ich habe das Denken einfach vergessen. Jedenfalls stelle ich einen Moment zu spät fest: Diese Scheibe kann man nicht allein aus dem Rahmen lösen und mit einer Hand halten, während man mit der anderen die Poster tauscht, und die Abdeckung anschließend wieder einsetzen. Schlechter Plan.

Leider fällt mir das erst auf, als ich das Glas schon aus seiner Halterung gelöst habe. Und nun stecke ich gewaltig in der Klemme: Ich habe keine Hand mehr frei, um das bereitliegende Poster aufzuheben und aufzuhängen. Genau genommen habe ich gar keine Handlungsoptionen mehr, außer die Scheibe fallen zu lassen, was neben der Blamage auch nicht gerade eine ungefährliche Option ist. Also stehe ich da einfach mit der Scheibe in beiden Händen und ächze. Sie allein wieder in die Halterung fummeln: unmöglich. Ich drohe jeden Moment unter dem Gewicht zusammenzubrechen. Wenn mich jetzt nicht irgendjemand rettet, gehe ich unter der Scheibe in die Grätsche. „Das kann böse enden, Carsten", sage ich mir. „Schluck den Stolz runter und hol Hilfe. Und geh um Himmels willen mal wieder ins Fitnessstudio."

Als ich mich so verzweifelt und gebückt unter dem Gewicht in der frühmorgendlich leergefegten Lobby umschaue, entdecke ich zwei deutsche Mitarbeiterinnen. Sie arbeiten nicht in meiner Abteilung, und sie kennen mich noch nicht. Die beiden sind gerade erst als Management-Trainees in Peking angekommen, wie ich am Vorabend durch Zufall erfahren hatte. Gott sei Dank, denke ich, das ist die Rettung in der Not: Die beiden Neuen werden gewiss nicht lange zögern, um einem Manager aus der Klemme zu helfen.

Also hample ich so auffällig wie möglich unter meiner Scheibe rum und brülle nach den beiden wie ein balzender Pavian. Dabei beschlägt natürlich die Scheibe vor meinem Gesicht, in der Mitte meine platt gedrückte Nase, und ich sehe wahrscheinlich aus wie eine wahr gewordene Szene aus einer schlechten Horrorkomödie. Aus Gewohnheit brülle ich allerdings nicht auf Deutsch, sondern auf Mandarin: „Xiǎojiě! Xiǎojiě!"

In China ist das eine sehr höfliche Form der Anrede für eine junge Dame. Grob übersetzt heißt Xiǎojiě: Fräulein. Das Problem ist nur: Die beiden sprechen kein Mandarin. Sie verstehen, was sie hören: „Schatzi, Schatzi!" Das klingt ungefähr genauso – besonders wenn man Mandarin mit einem deutschen Akzent spricht bzw. kreischt und dabei das Gesicht an eine Glasscheibe gepresst hat.

Ich schaffe es durchaus, die Damen auf mich aufmerksam zu machen. Das Spektakel ist schwer zu ignorieren. Doch die beiden bewegen sich keinen Zentimeter. Stattdessen schauen sie mich an wie einen Affen durch die Glasscheibe im Zoo. Ja, wie denn auch sonst? Genauso sehe ich wahrscheinlich gerade aus!

Unter Aufbietung meiner letzten Kräfte stütze ich die Scheibe auf einer Seite für ein, zwei Sekunden auf meinem Knie ab, um eine Hand frei zu haben, und wedele mit dem Zeigefinger nach unten gerichtet, den Handrücken nach oben gerichtet, während ich weiter hartnäckig „Xiǎojiě" brülle. In China ist das eine sehr höfliche Geste. Ehrlich. Das wissen die beiden aber natürlich auch nicht, denn sie sind ja gerade erst angereist.

Kommt Ihnen das bekannt vor? Ein hochroter Manager in Nöten mit Pressatmung, der fuchtelt und brüllt und dabei ein erbärmliches Bild abgibt? Was würden Sie als Mitarbeiter tun, wenn Sie das sehen? Ist doch klar: Sie sehen zu, dass Sie Land gewinnen. Ganz besonders wenn es auch noch verdächtig nach Diskriminierung am Arbeitsplatz aussieht: Die beiden Damen sehen einfach einen Pavian auf der Balz, der mit dem Finger wedelt und „Schatzi, Schatzi" brüllt. Die denken sich natürlich ihren Teil: „Aha, ein COMO!" Immerhin handelt es sich hier um eine sehr verbreitete Sorte von Führungskraft: den balzenden Pavian mit dem knallroten … Gesicht.

Für mich ist diese konkrete Kommunikationsbarriere leider gerade eine ernste Bedrohung. Lange kann ich die Scheibe nicht mehr halten, und das Gehampel hilft nicht gerade beim Kräftesparen. Verzweifelt starre ich durch die vernebelte Scheibe vor meinem Gesicht und warte darauf, dass die beiden in meine Richtung eilen.

Tun sie nicht. Aber sie reagieren. Eine der beiden mit einem anderen Finger, der in den meisten Ländern dieser Welt ein und dieselbe Bedeutung hat. Dann machen sie sich aus dem Staub. Und ich kann es ihnen nicht mal verdenken.

Plötzlich löst sich das Gewicht von meinen Armen, und das Blut fließt zurück in meine eingeschlafenen Hände. Ich taumele, falle beinahe und schaue mich um: Vier chinesische Mitarbeiter aus dem Empfangsbereich haben meine Not aus der Ferne erkannt und mir die Scheibe abgenommen, zwei an jeder Seite.

Und ich bin froh, dass ich wenigstens die richtige Höflichkeitsform des Dankes für solche Situationen auf Mandarin beherrsche. Das war knapp: Saved by the Bell Boys.

Kaum bekomme ich wieder einigermaßen Luft, sehe ich mich nach den beiden Damen um. Wirklich klar sehen konnte ich zwar nicht während des Vorfalls, aber tatsächlich hat es mir eine von beiden angetan. Dem brüllenden COMO-Vorgesetzten ganz cool den Rücken kehren? Das muss man sich erst mal trauen. Ich habe sie später geheiratet: Susanne, die COMO-Dompteurin.

So glimpflich gehen die Geschichten, die sich um Kommunikationsbarrieren in der Führung drehen, leider nicht immer aus. Und die gibt es in jedem Unternehmen. Nicht nur, wenn wir es mit 850 chinesischen Mitarbeitern zu tun haben, sondern meistens sogar unbemerkt, jedenfalls für einige Zeit. Warum gibt es in Unternehmen so viele Missverständnisse, so viele Konflikte und so viel böses Blut zwischen Führungskräften und Mitarbeitern? Warum verschwenden wir unsere Zeit auf unsinnige Konflikte, Missverständnisse und Respektlosigkeiten?

Weil wir die Barrieren schon im Kopf haben. Und da haben wir sie, weil sie uns mit dem Monkey Business beigebracht wurden.

MONKEY TALK: DIE FREUDEN DER POLITICAL CORRECTNESS

Eine der verheerendsten Sprachbarrieren ist die Political Correctness. PC. Sie wurden beim letzten jährlichen Mitarbeitergespräch mit hölzern empathischen Phrasen für Ihre hohe Arbeitsbelastung mundtot gefaselt, und zwei Monate später wird plötzlich ohne Vorwarnung und ohne Abstimmung Ihr Aufgabenvolumen verdoppelt? Das ist PC. Ihr Chef erkundigt sich regelmäßig nach dem Wohlergehen Ihrer kleinen Tochter, die eigentlich Tom heißt – doch als Sie sich nach einer Beförderung erkundigen, fragt er Sie, ob Sie noch ein Kind planen? Das ist PC. Sie haben beim letzten Projekt einen grottenschlechten Job gemacht und wünschen sich konstruktive Unterstützung, um sich besser zu qualifizieren, doch Ihr Chef beschwichtigt Sie mit den Worten: „Machen Sie sich mal keine Sorgen, Sie leisten hier auch so einen wichtigen Beitrag"? Das ist PC.

Nur dass die Mitarbeiter das oft gar nicht merken, weil sie es nicht anders kennen. Und wenn dann das Team oder die Abteilung oder das ganze Unternehmen auf der Stelle tritt und es trotzdem völlig überraschend kommt, wenn plötzlich die ersten Köpfe rollen, dann ist das die Folge von PC, aber ganz bestimmt keine Lösung für irgendetwas. Kommunikationsbarrieren können Unternehmen ruinieren, und PC ist eine besonders perfide Variante.

PC ist ein schleichender Tod der Tugend, auf die es in der Führung am meisten ankommt: Vertrauen. PC-Unternehmen sind unfrei. Denn in PC-Unternehmen sagen die Führungskräfte etwas ganz anderes, als sie denken.

Viele Führungskräfte denken wie FELDHERREN, reden aber wie KINDERGÄRTNER.

Sie machen das, weil sie unfrei sind. Weil sie sich an der Oberfläche nach irgendwelchen Kommunikationstrends für Manager richten anstatt danach, welche Art von Führungspersönlichkeit sie sein wollen und was ihre Mitarbeiter brauchen. Sie wollen „gute Chefs" sein, doch sie hinterfragen ihr Denken nicht in der Tiefe.

Wenn Sie mich fragen: Das ist nicht politisch korrekt, das ist einfach nur unaufrichtig. Dann noch lieber ein brüllender Pavian-COMO mit rotem … Gesicht. Da weiß man als Mitarbeiter wenigstens, woran man ist. Scherz beiseite: Diese Zeitgenossen sind natürlich eine Zumutung. Ihr Gegenteil, der unverbindliche Säusler, aber genauso. Einer dieser Kommunikationstrends für Manager, und aus ihm ist PC geboren, ist, immer „nett" sein zu müssen. Oft in gutem Glauben.

Guter Chef gleich NETTER CHEF – diesem IRRTUM sitzen viele Führungskräfte auf.

Auch ich habe diesen Fehler lange Zeit gemacht, bis mir klar wurde, dass nett manchmal eben gerade nicht nett ist. Es ist unmöglich, als Chef immer nett zu sein. Aber durch nette Kommunikation kann man wunderbar so tun, auch wenn innerlich ein ganz anderes Programm läuft. „Herr Nieslhuber, ich danke Ihnen für diesen aufmerksamen Einwand" ist manchmal einfach nur PC für „Noch eine destruktive Bemerkung von dir, du Bremsklotz auf zwei Beinen, und ich rufe deine Frau an und sage ihr, was du mit Frau Völkers aus der Buchhaltung machst".

Viele Chefs versuchen ein „guter Chef" zu sein, indem sie „Nettigkeit" faken, also: nett *klingen*. Auch wenn sie ganz andere Motive haben. Aber ist es denn falsch, nett sein oder wenigstens nett wirken zu wollen? Ist es falsch, dass man als Chef auch gemocht werden will? Brauchen wir nicht alle ein bisschen Liebe an dem Ort, an dem viele von uns den größten Teil ihrer Zeit verbringen? Das ist die Frage. Und die Anschlussfrage lautet:

Ist es **LIEBE,**
wenn wir es
FAKEN?

114

HARTE JUNGS ODER MITARBEITERVERSTEHER – WER SIND DIE CHEFS ZUM VERLIEBEN?

So verständlich es ist, dass wir uns Gedanken darüber machen, wie wir auf andere wirken: Als Führungskräfte treffen wir Entscheidungen und müssen sie kommunizieren. Auch unliebsame. Auch solche, die nicht jedem gefallen. Wenn wir die zurückstellen, verzögern oder verschleiern, um nett zu wirken, dann ist das eben nicht nett. Deshalb ist es auch unserer Wirkung als Typen, als Menschen unter anderen Menschen, nicht zuträglich, wenn wir uns verstellen. Business ist an den meisten Tagen keine Kreuzfahrt mit Unterhaltungsprogramm, sondern ein Ritt auf rauer See. *Mitarbeiter brauchen auf rauer See keinen netten Alleinunterhalter, sondern einen Kapitän.*

Nett, das sagt der Volksmund aus gutem Grund, ist die kleine Schwester von …? Richtig!

Trotzdem sollen wir, so das Handbuch des Monkey Business, schön um den heißen Brei herumreden. Weil man nie wissen kann, wen man später vielleicht einmal brauchen könnte. Weil man nie wissen kann, wer sich weiter oben über den Chef beschwert. Weil wir lieber auf Effizienz verzichten als auf ein sauberes Image. Weil das Bild, das wir vor anderen abzugeben glauben, uns wichtiger ist als die gemeinsame Mission. Und vor allem: weil wir glauben, dass Mitarbeiter mit Offenheit und Ehrlichkeit nicht umgehen könnten.

Wenn Führungskräfte in ihrem Denken unfrei sind, dann halten sie alle anderen auch für beschränkt.

Und genauso reden sie dann auch mit ihren Leuten: wie Kindergärtner, die sicherheitshalber davon ausgehen, dass ihre Schützlinge noch an den Weihnachtsmann glauben. Während die „Kinder" genervt mit den Augen rollen und sich fragen, wann der „nette Onkel" mal in der Realität ankommt. Aber seit wann ist das Leitbild von Führung denn, dass sich dabei nie jemand auf den Schlips getreten fühlen darf? Als ob wir das verhindern könnten!

Kommunikation ist immer ein schmaler Grat. Die Übergänge etwa zwischen Kritik und Verurteilung, aber auch zwischen Anerkennung und PC-Heuchelei sind fließend. Es ist nur natürlich, dass Führungskräfte auch einmal über die Grenze kippen, sich im Ton vergreifen oder nicht klar genug sprechen. Führungskräfte sind Menschen. Warum sollten Mitarbeiter damit nicht umgehen können?

Das Zünglein an der Waage ist die Autorität. Wenn Führungskräfte sich die Frage stellen, ob sie geliebt oder gefürchtet werden wollen, folgen viele der inneren Unsicherheit und glauben sich mit der machiavellistischen Haltung eher auf der sicheren Seite. Selbst dann, wenn sie eigentlich gar nicht der Typ dafür sind. Sie tun das im Glauben, sich Autorität verschaffen zu müssen. Im Umkehrschluss heißt das: Führungskräfte, die sich Autorität als Methode überstülpen, um gefürchtet zu werden, sind in Wahrheit keineswegs starke Chefs. Sondern unsichere, schwache!

Die Tücke ist nämlich: Autorität kann man sich nicht verschaffen. Auf falsche Autorität fallen Mitarbeiter nicht herein. Werden sie damit terrorisiert, verteidigen sie sich – früher oder später, auf die eine oder andere Art. Durch Verweigerung oder Gegenangriff. Und dann zieht das Team eben nicht mehr an einem Strang. Dann dreht sich der Arbeitsalltag um Konflikte, und dann werden Worte tatsächlich auf die Goldwaage gelegt. Falsche Autorität führt nicht zu Respekt, sondern zu Widerstand. Je mehr ich über Druck führe, desto größer werden die Widerstände. Und je mehr ich Druck kommuniziere, desto mehr verschließen sich meine Mitarbeiter – fangen an Fehler zu verschleiern und kommunizieren Probleme nicht mehr. Ist das Autorität? Nein, das ist einfach nur ein Schützengraben, den die Führungskraft mitten durch ihr Team gezogen hat. „Respekt ist keine Einbahnstraße", schreibt der Kommunikationstrainer René Borbonus.[24] Ich glaube, dass es mit der Autorität als Folge von Respekt genauso ist, denn wer respektiert wird, besitzt eine natürliche Autorität. Und das heißt:

Man kann
AUTORITÄT
nicht einfordern – man muss sie sich
VERDIENEN.

Und wie geht das? Wie kann ich als Chef die natürliche Autorität, die ich in mir trage, zum Ausdruck bringen? Einmal mehr lautet der Schlüssel: Vertrauen.

Vertrauen schafft Autorität. Autoritäres GEHABE schafft MISSTRAUEN.

Wenn ich meinen Mitarbeitern durch mein Verhalten und eben auch in der Kommunikation signalisiere, dass ich ihnen vertraue und mich als Teil des Teams betrachte – obwohl ich als Chef auch die Hierarchiekarte spielen könnte – dann wirke ich autoritär. Nicht durch Machtgehabe. Nicht durch Statusspielchen. Nicht durch Befehlston. Sondern dadurch, dass ich Vertrauen vorlebe und eben auch kommuniziere. Das tue ich, indem ich:

- „wir" sage statt „ich",
- Kritik und Anerkennung situativ verteile, nicht strategisch,
- empathisch kommuniziere, also auch die andere Seite höre,
- ausgewogenes Feedback gebe statt zu lobhudeln oder zu verurteilen,
- transparent Verantwortung delegiere statt sinnfreie To-dos.

Und jetzt kommt der Knackpunkt: Wenn es mir gelingt, als Chef natürliche Autorität auszustrahlen, statt Gehorsam einzufordern, dann kann ich auch klare Ansagen machen. Dann gewinne ich Redefreiheit. Wenn meine Mitarbeiter wissen, dass ich sie schätze und respektiere, dann schließen sie aus einer klaren Ansprache nicht auf Kraftmeierei oder – noch schlimmer – darauf, dass ich etwas gegen sie persönlich hätte. Dann nehmen sie Kritik als das, was sie ist: ein Werkzeug auf dem Weg zum gewünschten Ergebnis. Eine notwendige Führungsmaßnahme. Weil sie wissen, dass wir im selben Boot sitzen und auf das gleiche Ziel zurudern. Dann herrscht in meinem Team eine Atmosphäre des Respekts, des Vertrauens, der Wertschätzung, auch der Fehlertoleranz und der Vergebung, also: der Menschlichkeit. In einer solchen Atmosphäre sind Menschen frei zu sagen, was gesagt werden muss. Und sie sind frei, aus dem, was gesagt wird, ihre eigenen Schlüsse zu ziehen. Wenn ein solches Klima herrscht, folgen meine Mitarbeiter mir auch, wenn ich mal überdeutlich werde oder mich sogar im Ton vergreife, auch wenn das natürlich nicht passieren sollte. Dann verzeihen sie es mir, wenn ich emotional werde – weil sie wissen, warum und wozu. Und weil sie wissen, dass ich sie trotzdem respektiere und anerkenne.

Das ist Autorität. Das andere ist nur Machtgehabe: durchschaubar, ineffektiv und vor allem wahnsinnig ineffizient.

Ein gutes Beispiel für eine Führungskraft mit natürlicher Autorität ist der verstorbene Steve Jobs. Ein zwiespältiges Beispiel, zugegeben – seine Wutanfälle waren berüchtigt. In seinen frühen Jahren als Apple-Chef rastete er einmal bei einer öffentlichen Präsentation aus, weil seine Kamera nicht funktionierte, und warf sie einem Mitarbeiter mit der zynischen Bemerkung entgegen, das „Genie" möge sich doch darum kümmern. Was sich die Mitarbeiter an diesem Tag hinter den Kulissen noch so anhören mussten, wollen wir lieber gar nicht wissen.

Keine Frage: Das geht gar nicht. Das ist hässlich – sozusagen das Gegenteil von „gewaltfreier Kommunikation", wie der Psychologe Marshall B. Rosenberg sie definiert.

Ich führe Steve Jobs als Beispiel an, weil gerade sein schlechter Ruf als Kommunikator (jedenfalls in jüngeren Jahren) das Prinzip verdeutlicht. Der steht nämlich im krassen Kontrast zu seinem guten Ruf als visionärer Leader (der mit den Jahren immer weiter wuchs). Die Menschen folgten ihm – und folgen ihm noch heute –, obwohl er manchmal den Brüllaffen gab. Oder haben Sie mal gehört, dass irgendjemand die Autorität von Steve Jobs als Boss von Apple angezweifelt hätte? Trotz seiner Ausbrüche, die manchmal sogar öffentlich stattfanden, prügelten sich die Top-Absolventen der amerikanischen Universitäten auch zu seinen Lebzeiten darum, für Apple und für ihn arbeiten zu können. Weil niemand jemals auf die Idee gekommen wäre, seine Leidenschaft für die Sache anzuzweifeln. Weil das Unternehmen ihm alles bedeutete. Weil er sich selbst aufopferte für die gemeinsame Sache. Und: weil er seine Ziele und Beweggründe immer klar kommunizierte. Der berüchtigte Teilzeit-Choleriker Steve Jobs betrachtete Apple als seine Familie. Und er sagte über sein Team bei Apple auch immer wieder Dinge wie: „Wenn ich abends zu Bett gehe und mir sagen kann, wir haben heute etwas Wunderbares gemacht … das ist wichtig für mich."

Wir. Nicht: *ich.* Obwohl noch heute, Jahre nach seinem Tod, viele behaupten: Steve Jobs *war* Apple. Die Autorität, die er durch seine Leidenschaft ausstrahlte, wurde ihm als Respekt gespiegelt. Jeder bei Apple erkannte ihn unmissverständlich als lebenden Leitstern an. Er war die Inspiration, die ein Leader sein sollte.

Und Jobs lernte aus der Wechselwirkung und entwickelte sich als Leader weiter. Je länger er bei Apple in der Führungsverantwortung war, desto mehr wuchs er als Persönlichkeit – und desto konstruktiver kommunizierte er auch. Ein ehemaliger Weggefährte, ehemals Top-Manager bei Apple, berichtete laut *WirtschaftsWoche* nach Jobs' Tod über dessen spätere Jahre: „Wenn er grundlegende Dinge zu kritisieren hatte, tat er das nicht mehr in aller Öffentlichkeit. Er nahm stattdessen den betreffenden Abteilungsleiter beiseite, ging mit ihm spazieren und diskutierte seine persönliche Sicht der Dinge auf freundliche Art. Was das Potenzial einer Peinlichkeit hatte, wurde dadurch produktiv und erhöhte den Zusammenhalt. Die Vergangenheit kann lehrreich sein, aber sie ist vorbei. Daran glaubte er."[25]

Für uns als Führungskräfte, die wir um die richtige Art zu führen ringen und um den richtigen Ton in unserer Führungskommunikation, enthält die Geschichte von Steve Jobs gleich mehrere motivierende Botschaften. Die erste ist: Führungskommunikation kann man lernen – noch der größte Hitzkopf kann sich zu einem empathischen Leader entwickeln. Und die zweite ist: Menschen wachsen an Verantwortung, und ihre Beziehungen gedeihen durch Vertrauen. Zweimal V. Zwei Säulen der Freiheit.

EMPATHISCHE
Führungskommunikation erwächst aus Vertrauen. Und Vertrauen entsteht, wenn wir
VERANTWORTUNG
übernehmen und diese Freiheit teilen.

Nicht nur Führung ist also ein Entwicklungsthema – auch die Kommunikation in der Führung können wir lernen. Wir können uns entwickeln und dabei Fehler machen. Und wenn Sie in der Hitze des Gefechts mal in die Kiste mit den schrägen Tönen greifen, wird das Ihre Autorität nur dann nachhaltig untergraben, wenn Ihre Mitarbeiter Ihnen grundsätzlich nicht vertrauen.

Corporate Monkeys dagegen sprechen nicht in der Wir-Form, sondern in der Ich-Form – weil sie auch in der Ich-Form denken. Ihre Mitarbeiter spüren das und bestrafen es durch Liebesentzug.

Wenn Sie als Chef GELIEBT werden wollen, lieben Sie Ihre Mitarbeiter.

Eine Liebesbeziehung hält auch mal einen ordentlichen Knall aus, oder?

Die überproportional erfolgreichen Unternehmen, von denen alle Welt spricht, sind beinahe ohne Ausnahme Wir-Unternehmen: Apple, Google, Tesla. Aber auch – lange vor der Silicon-Valley-Ära und mit anhaltendem Erfolg – die Hidden Champions vor unserer Haustür: die unzähligen Weltmarktführer aus dem deutschen Mittelstand. Auch diese Unternehmen sind sehr oft Wir-Unternehmen. Sie werden von Leadern geführt, die ihr Unternehmen als Familie betrachten. Auch hier wird authentisch kommuniziert, auch hier wird natürliche Autorität gelebt – nur eben ein wenig leiser als im Silicon Valley. Das haben die Hidden Champions so an sich.

Es gibt Ich-Unternehmen und es gibt Wir-Unternehmen. Beide erkennt man an der Tonart – und am Ergebnis.

Eine Führungskraft eines mittelständischen Werkzeugbauunternehmens, die in der Vorstandssitzung mal ausgetickt ist, schafft es nicht in die Schlagzeilen. Und erst recht wird nicht über sie geschrieben, wenn sie den schwer erkrankten Montageleiter persönlich beiseitenimmt, sich nach seinem Zustand erkundigt und ihn auf Unternehmenskosten zu einer Spezialbehandlung in die USA schickt, anstatt ihn für seine erhöhte Fehlerquote vor versammelter Mannschaft runterzuputzen. Weil der Mann zur Familie gehört. Doch genau solche Dinge passieren im deutschen Mittelstand. Viele unserer besten Leader sind mit genauso viel Leidenschaft am Werk wie ein Steve Jobs und genießen genauso viel Respekt qua Autorität unter ihren Mitarbeitern.

BRÜLLAFFEN UND PYROMANISCHE COMOS

Damit wir uns richtig verstehen: Ich will mit alldem keineswegs sagen, dass es in der Führungskommunikation ständig krachen und knallen müsste. Dass wir in unseren Unternehmen respektvoll miteinander umgehen, ist eine Selbstverständlichkeit. Klar in der Sache, respektvoll im Ton. Wir müssen keineswegs laut werden, um uns verständlich zu machen. Aber was ich sagen will: Wo gehobelt wird, da fallen Späne. Immer schön nett, sogar wenn die Hütte brennt? Das ist keine authentische Kommunikation. Politisch korrekt ist eben nicht automatisch respektvoll. Manchmal ist es einfach nur unaufrichtig.

Im Führungsalltag sind die emotionalen Momente Ausnahmesituationen. Wenn ein Chef nur noch mit erhobener Stimme kommuniziert, dann stimmt etwas grundsätzlich nicht, und zwar wahrscheinlich mit seiner Haltung. Leider gibt es diese notorischen Brüllaffen in unseren Unternehmen, und wir sollten ihnen mit null Toleranz begegnen.

Wenn es ein Kommunikationsmittel in der Führung gibt, das jede ANSTRENGUNG ZUNICHTEMACHT, dann ist es die Einschüchterung.

Corporate Monkeys, die ihre Mitarbeiter als untergebene Weisungsempfänger behandeln, sind der sichere Untergang für Produktivität und Fortschritt.

Die meisten COMOs jedoch bleiben, im Gegensatz zu den Brüllaffen, immer PC. Deshalb merkt es auch lange Zeit niemand, wenn ihr Verantwortungsbereich von einem gefährlichen Schwelbrand erfasst worden ist. Laut werden sie erst, wenn es zu spät ist. Sie kommunizieren Probleme nicht so früh wie möglich, sondern am liebsten gar nicht.

COMOs zündeln mit ihren Taten und löschen mit ihren Worten.

Und diese Kultur, die PC-Kultur, greift um sich. Wenn Sie das als Chef machen, machen Ihre Mitarbeiter es erst recht. Ihnen gegenüber und auch untereinander. Die Folge ist ein maulfaules Team, in dem sich keiner mehr aufzufallen traut. Weil jeder denkt, er macht sich damit unbeliebt. Die unaufrichtige, intransparente und letztlich verantwortungslose Haltung von COMOs schlägt sich in ihrer Kommunikation nieder. Und weil die wenigsten COMOs aus Prinzip verantwortungslos und misstrauisch sind, sondern durch Sozialisation erst zu COMOs werden, kann jeder von uns die Signale auch bei sich selbst beobachten. Ein bisschen COMO ist eben in jedem von uns – und in jedem Unternehmen.

Hand aufs Herz: Welche der folgenden Kommunikationsbarrieren kennen Sie aus eigener Erfahrung? Wie viel COMO steckt in Ihrer Kommunikation?

Kommunikationsbarriere Nr. 1: Falsch verstandene Höflichkeit

Weil wir glauben, dass wir nett sein müssen, differenzieren wir zum Beispiel beim Feedback nicht genug. Ohne Anerkennung und Wertschätzung können Mitarbeiter nicht wachsen – sie sind genauso bedeutsam wie konstruktive Kritik. Der Begriff Feedback beinhaltet beides. Weil Kritik für viele Führungskräfte aber schwerer vorzubringen ist als Lob, und weil bei jeder Kritik das Damoklesschwert der Political Correctness über dem Kritisierenden schwebt, ist Feedback für viele Führungskräfte gleichbedeutend mit Wertschätzung. Die überproportionale Bedeutung, die dem Thema Wertschätzung in der Managementliteratur in den vergangenen 20 Jahren zugekommen ist, tut ein Übriges. Weil wir es ständig hören, glauben wir, dass wir jeden immer wertschätzen müssten. Leider kommunizieren wir deshalb nicht immer aufrichtig, sondern verzerrt: Wir lügen aus Höflichkeit. Besonders in Meetings. Deshalb finden viele es in Meetings auch so gemütlich. Ich wette, das haben Sie schon sehr oft selbst erlebt: Irgendjemand aus der Runde macht einen unsinnigen Vorschlag. Was passiert in Ihrem Unternehmen in so einem Fall? Wenn Sie stinksauer sind über den Mist, den der Kollege im Meeting erzählt, was sagen Sie dann?

Sagen Sie: „Ich bin jetzt ein bisschen irritiert ...“?

Oder sagen Sie: „Das lassen wir jetzt lieber noch ein wenig wirken und gehen zum nächsten Punkt über.“?

Oder trauen Sie sich so etwas zu sagen wie: „Moment mal. Das ist doch Bullshit!“?

Es gibt bestimmte Vokabeln, die sind in unseren Unternehmen inzwischen einfach verboten. In sehr vielen Unternehmen traut sich zum Beispiel niemand mehr klar zu sagen: „Das ist falsch." Das Wort „falsch" wurde ausradiert aus dem Business-Wortschatz. Weil es nicht PC ist. Das gibt den COMOs eine Menge Spielraum für ihre Bullshit-Orgien. Ein waschechter COMO wird jedes Meeting nutzen, um in epischer Breite auszuführen, was er seit dem letzten Meeting alles „geleistet" hat. Wenn es sich um einen bissigen COMO handelt (seltener, aber umso gefährlicher), wird er außerdem darauf hinweisen, was andere seit dem letzten Meeting seiner Meinung nach nicht geleistet haben – völlig gleichgültig, ob er das beurteilen kann oder nicht. Als Vorgesetzter eines solchen Exemplars tun Sie nach dem Meeting außerdem gut daran, vorsichtig aufzustehen, denn Sie könnten auf der Spur des Schleims ausrutschen, den er oder sie bei jeder Gelegenheit in Ihre Richtung gießt.

Nur in der Sache wird der COMO wahrscheinlich herzlich wenig sagen. Und wenn doch, dann ist die Wahrscheinlichkeit hoch, dass es sich um eine dampfende Ladung Bullshit handelt. Ich erinnere an dieser Stelle noch einmal daran: Ich spreche vom idealtypischen COMO. Ein kleines bisschen davon steckt bestimmt auch in Ihrem Meeting-Verhalten – denn keiner von uns ist frei davon.

Wenn der COMO nun im Meeting mit Bullshit wirft (wie Affen im Zoo das auch manchmal tun), dann bekommt er – erst mal einen Dämpfer, oder? Nein, eben nicht. In den meisten Unternehmen wird, wenn ein Kollege im Meeting Bullshit erzählt, erst mal eine Stunde lang über den Bullshit diskutiert. Weil man „falsch" nicht einfach so sagen darf, und „Bullshit" schon gar nicht, und weil man noch den größten Blödsinn als „wertvollen Beitrag" wertschätzen muss. Kritik, auch das steht im Handbuch des Monkey Business, muss weichgespült werden. Jetzt wird also eine Stunde lang weichgespült, obwohl alle dem COMO am liebsten einen kalten Schnellwaschgang verpassen würden. Stattdessen quält sich das Team durch dieses Meeting, bis irgendjemand ein höfliches Argument gefunden hat, um den Quatsch zu verhindern. Dann atmen alle anderen erleichtert auf. Oder, noch schlimmer: Der Blödsinn wird tatsächlich verabschiedet und umgesetzt, weil niemand ihn zu verhindern weiß.

Die Online-Kommunikation hat die Meeting-Kultur in unseren Unternehmen noch viel spannender gemacht, als sie sowieso schon war. Dass besonders COMOs sich vor der Webcam gern vor einer eindrucksvoll bestückten Bücherwand präsentieren, deren Titel man dann wohl oder übel das ganze Meeting hindurch zu lesen versucht, gehört da noch zu den Lappalien. Wenn links oben eine Ausgabe von *Shades of Grey* steht, ist das manchmal allerdings schon hinderlich für die Konzentration.

Etwas schwerer wiegen dabei technische Probleme: eine willkommene Auflockerung, wenn die Katze durchs Bild läuft. Wenn Miezi dabei auf den Stumm-Knopf am Mikrofon tritt, ist das dagegen schlecht für die Nerven aller Beteiligten. Besonders, wenn der katzenfreundliche Teilnehmer den Rest des Meetings hindurch wutentbrannt in die Kamera starrt und irgendwann mit melodramatischer Geste verschwindet, weil seltsamerweise niemand mehr auf seine Einwürfe reagiert.

Und ist Ihnen schon mal aufgefallen, dass wir uns bei Online-Meetings nicht in die Augen schauen? Die Kamera ist in den meisten Fällen nämlich über dem Bildschirm angebracht – die Beteiligten starren aber auf den Bildschirm. Für mich fühlen sich solche Meetings immer an wie eine Selbsthilfegruppe für Führungsautisten.

KOMMUNIKATION
braucht den Augenkontakt, und
Führung braucht
AUGENHÖHE.

Für Führungskommunikation bedeutet das: Die wichtigen Dinge bespricht man lieber von Mensch zu Mensch. Denn viele destruktive Muster, die wir in der Führungskommunikation aus falsch verstandener Höflichkeit sowieso schon gern bedienen, werden durch die digitale Distanz noch verstärkt: ausweichen, beschönigen, verschleiern.

Nach 90 Minuten Online-Meeting freuen sich übrigens alle Teilnehmer ganz besonders, wenn der Initiator der Konferenz verkündet: „Nun zum wichtigsten Punkt." Oft ist das der Moment, in dem plötzlich Verbindungsabbrüche und andere technische Schwierigkeiten auftreten.

Wenn alle schon mit den Nerven am Ende sind, geht es ans Eingemachte. Schließlich musste erst einmal für „gute Stimmung" gesorgt werden, bevor man sich den kontroversen Themen zuwendet. Auch so eine PC-Falle in der Führungskommunikation: die Verzögerungstaktik.

Kommunikationsbarriere Nr. 2: Verzögerungstaktik

In Peking hatte ich einen chinesischen Management-mitarbeiter, der mich an meine Grenzen brachte. Er hieß Wang Xing. Was die Kommunikation mit Wang Xing grundsätzlich stark erschwerte, war die Tatsache, dass ich nur nominell sein Chef war. Die kulturelle Hierar-chie vor Ort einbezogen stellte sich der Fall etwas anders dar. Die Idee war: Sobald wir erfahrenen Kempinski-Experten das Hotel aufgebaut und stabil zum Laufen gebracht hatten, sollten sämtliche Führungspositionen durch Chinesen bekleidet werden. Wang Xing war also mein designierter Nachfolger als Gastronomiedirektor. Wie gut Wang Xings Draht zur Kommunistischen Partei war, wenn er einen solchen Posten zugesichert bekommen hatte, können Sie sich vorstellen. Und auch, dass ich mich ihm gegenüber samtpfötig zu geben hatte, wenn ich meinen Job behalten wollte – sonst hätten die chinesischen Eigner sehr schnell dafür gesorgt, dass ich zurück nach Europa verfrachtet worden wäre.

Was allerdings niemand ahnte, nicht die Partei, nicht Kempinski und nicht ich: Wang Xing war alles andere als ein lupenreiner Kommunist. Doch der Reihe nach. Bevor Wang Xing sein wahres Gesicht zeigte, stellte er meine Kommunikationsfähigkei-ten auf eine harte Probe. Nicht in sprachlicher Hinsicht allerdings. Wang Xing war schlicht unführbar. Dass es so etwas überhaupt gibt, wusste ich aber nicht. Ich wollte mich in meiner verantwortungsvollen Position beweisen und übte mich in Geduld mit Wang Xing. Ein Fehler, wie sich herausstellen sollte.

Den Tagesablauf von Wang Xing können Sie sich so vorstellen: Um elf Uhr schleicht er rein und verschwindet in seinem Büro. Er schließt sogar die Tür ab. Zum Mittag-essen kommt er zum ersten Mal wieder heraus. Sein Lunch dauert bis um drei, und danach geht er bis um vier zum Friseur. Jeden Tag. Der Kerl lässt sich allen Ernstes täglich die Haare toupieren. Danach schließt er sich wieder zwei Stunden in seinem Büro ein. Und dann geht er um sechs nach Hause. Nichts gegen flexible Arbeitszeiten, aber Sie können sich ungefähr vorstellen, wie viel Wang Xing zum Erfolg des Hotels beiträgt:

没什么　Mandarin für: nichts.

Natürlich stelle ich ihn zur Rede. Mehr als einmal. Aber egal was ich versuche, die Wirkung auf Wang Xing ist gleich null. Vielleicht kennen Sie das in weniger dramatischer Form von COMOs in Ihrem Unternehmen: Es ist unglaublich frustrierend, einen Mitarbeiter führen zu wollen, der nicht geführt werden will. Der keine Verantwortung haben und keinen Beitrag leisten will, keine Motivation und keine Ziele hat, jedenfalls nicht im Sinne des Unternehmens. Wang Xing ist auf seine ganz eigene Kokosnuss aus – ich weiß nur nicht, auf welche. Und er will es mir partout nicht verraten. Ich zweifle an mir. Täglich beiße ich mir an Wang Xing die Zähne aus. Ich dringe einfach nicht zu ihm durch.

Unter normalen Umständen würde jeder von uns so einen Mitarbeiter früher oder später verabschieden. Eher früher. Aber ich habe es ja schon angedeutet: Kündigen Sie mal einem privilegierten Chinesen. In China. Kaum mehr als ein Jahr nach dem Massaker am Tian'anmen-Platz. Der Kerl ist in diese Positionen gehievt worden, und niemand hat ein Interesse daran, ihn auszutauschen.

Natürlich muss ich es trotzdem tun. Morgen stelle ich mich dem Drama und all den Gesprächen, die ich dann zu führen habe, sage ich mir jeden Tag. Und damit mache ich einen entscheidenden Führungsfehler: Ich zögere die Konsequenzen immer weiter hinaus. Leide immer weiter vor mich hin. Und mit mir leiden meine Gäste und die Kollegen – vor allem die guten!

Und dann ist eines Tages plötzlich großer Aufruhr. Wang Xing hat gekündigt – und alle wollen von *mir* wissen, wie das passieren konnte. Im kommunistischen China ist das ein handfester Skandal. So etwas wie eine Kündigung, das gibt es da gar nicht. Nur die Partei entscheidet. Freiheiten in der Führung? Geteilte Entscheidungsmacht? Undenkbar.

Schließlich erfahre ich, erfahren wir alle, was Wang Xing in den paar Stunden Anwesenheit pro Tag hinter seiner verschlossenen Bürotür gemacht hat: Er hat unseren bayerischen Biergarten gebenchmarkt, der neben dem Hotel liegt. Die Zeit, in der er im Büro hinter abgeschlossener Tür saß, hat er dazu genutzt, den Betrieb im Biergarten zu beobachten, die notwendigen Daten zusammenzutragen und sich alles abzuschauen, was er brauchte, um seinen eigenen zu eröffnen. Nur dafür hat er sich bei uns anstellen lassen. Er ist gekommen, hat mitgenommen, was er konnte, und dann ist er gegangen, um noch mehr abzusahnen. Ein COMO, wie er im Buche steht.

Ein halbes Jahr später laufe ich die Straße vorm Lufthansa-Center entlang und sehe einen roten Ferrari. Das ist in Peking Anfang der 1990er-Jahre dermaßen ungewöhnlich, dass ich stehen bleibe und mir den Hals verrenke, um den Fahrer im Vorbeifahren zu erkennen. Es ist Wang Xing. Der Kerl hat inzwischen ein paar Straßen weiter eine Kopie unseres Biergartens eröffnet und ist damit in kürzester Zeit steinreich geworden. Der erste Chinese, der sich je einen Ferrari gekauft hat.

Und wer hat den Ärger? Ich habe den Ärger. Hätte ich rechtzeitig auf den Tisch gehauen, hätte die Stelle früher neu besetzt werden können. Und ich hätte hinterher nicht so blöd dagestanden. Hätte, hätte, Fahrradkette. Fakt ist: Da habe ich als Leader total versagt. Politik hin oder her. Aus Gründen der PC habe ich nicht klar Stellung bezogen. Und das ist immer ein Fehler.

Keine Angst

Wir dürfen Entscheidungen nicht verzögern, weil wir Angst haben, uns unangenehmen Gesprächen zu stellen. Damit helfen wir niemandem und berauben das Unternehmen und den Mitarbeiter wertvoller Entwicklungschancen. Das ist niemandem gegenüber fair und auch nicht nett und hilfreich schon gar nicht. Außer vielleicht für Mitarbeiter, die ihren eigenen Biergarten eröffnen wollen.

Kommunikationsbarriere Nr. 3: Angst ums Image

Aus Angst um unser Image lassen wir uns als Chef auch zu viel gefallen. Ein wichtiger Kunde zahlt nicht pünktlich? Erst mal eine freundliche Erinnerung: „Bestimmt ist es Ihrer Aufmerksamkeit entgangen". Man will den Kunden ja nicht verprellen. Und zwei Wochen später am Telefon: „Ach so, die Sachbearbeiterin ist krankgeschrieben, weil ihr Kater Hämorrhoiden hat? Dann hat das natürlich noch Zeit mit der Rechnung." Ein Mitarbeiter lässt ständig Arbeit liegen? Erst mal abwarten und beobachten. Nicht dass der gleich zum Betriebsrat rennt. Kleinigkeiten, die für sich genommen noch kein Unternehmen ins Wanken bringen. Doch sie summieren sich. Wenn ich als Vorgesetzter grundsätzlich defensiv kommuniziere, dann werde ich das auch in dem Moment tun, in dem es um mehr geht. Oder: Wenn ich es dann plötzlich nicht tue, wird mir der plötzlich offensive Ton als

Aggressivität oder Unsicherheit ausgelegt. Mit einer überzogenen Außenorientierung torpedieren wir unsere eigene Authentizität. Und das ist sehr gefährlich, denn: Wer als Vorgesetzter nicht glaubwürdig wirkt, verliert Vertrauen. Alles aus Angst ums Image.

Wissen Sie, was das ist? Wenn ich COMO-Verhalten aus Sorge ums eigene Image freie Bahn lasse? Ein Schlag ins Gesicht aller Mitarbeiter, die ihr Bestes geben. Was halten die wohl davon, wenn sie das sehen? Dass andere auf Hängematte machen und damit durchkommen? Das kann ich Ihnen sagen: Dann nimmt Ihr Image *wirklich* Schaden. Dann ist das Vertrauen dahin. Das Vertrauen Ihrer besten Leute.

Klare Regeln

Es ist normal, dass wir als Führungskraft auch mal Angst haben. Aber wir können vermeiden, dass die Angst zum Führungsprinzip wird, indem wir klare Regeln aufstellen und uns selbst daran halten. Verbindlichkeit ist das beste Mittel gegen Vertrauensverlust.

Vertrauensverlust droht im Führungsalltag an jeder Ecke, denn Mitarbeiter haben eine komplexe Erwartungshaltung ihrem Vorgesetzten gegenüber: Sie wollen sich an ihm orientieren können, und sie erwarten in gewissem Maße auch Schutz. Den kann eine Führungskraft geben – doch die Voraussetzung dafür sind klare Regeln. Regeln im Sinne eines Wertekodex (nicht Maßregeln im Sinne der Kontrolle) schaffen Vertrauen. Wenn Sie über klare Regeln Vertrauen schaffen und sich selbst daran halten, können Sie auch Klartext reden, ohne um Ihr Image zu fürchten.

Was natürlich auch heißt, dass wir als Führungskräfte im Gegenzug auch mal in der Lage sein sollten, das Ego zurückzustellen und Feedback an der Führung selbstkritisch aufzunehmen. Können Sie sich vorstellen, Ihre Mitarbeiter aufzufordern, auch mal kritisches Feedback zu geben? So etablieren Sie nach und nach eine Kultur, in der alle wissen: Ich muss hier bestimmt mal Kritik einstecken, aber ich darf auch fair austeilen.

FEHLERKULTUR ODER:
NO CIGARS, PLEASE!

Am schlimmsten stellen wir uns an, wenn es um Fehler geht. Oder? Mit den wildesten Verrenkungen tanzen wir um den heißen Brei herum, wenn jemand im Team etwas falsch gemacht hat. Manchmal kommt es mir so vor, als wäre das modernes Management: wenn einer Mist baut und das als Strategie verkauft. Damit es nicht auffällt. Oder haben Sie eine bessere Erklärung für den Berliner Hauptstadtflughafen BER? Wenn es da kein Problem mit der Fehlerkultur gibt, dann weiß ich auch nicht.

Das müssen Sie sich mal vorstellen: Da kann seit fünf Jahren kein Flughafen eröffnet werden, weil keiner zugeben will, was los ist. Ich glaube ja: Wenn der BER mal eröffnet, dann wahrscheinlich als Luftfahrtmuseum. Und dann kommt wahrscheinlich noch jemand aus dem Gebüsch gesprungen und behauptet: Das war alles so geplant!

Wenn man sich ansieht, wie innerhalb des Katastrophenprojekts BER mit Mitarbeitern umgegangen wird, die ausnahmsweise mal ansatzweise Klartext reden – dann darf der BER als Beispiel dafür gelten, wie die Angstkultur in manchen Unternehmen gezielt kultiviert wird. Im April 2016 räumte Daniel Abbou, der gerade erst eingestellte Sprecher des Milliardengrabs, in einem Interview ein: In der Vergangenheit sei „viel verbockt" worden. Und dann wagte er es auch noch, die Projektleitung zu mehr Ehrlichkeit gegenüber der Öffentlichkeit aufzufordern. Und er erklärte auch, warum er das für notwendig hielt: „Früher wurde meist gesagt: Nein, es ist alles gut. Das ist Bullshit. Bekenne dich dazu, wenn etwas scheiße gelaufen ist."[26]

Offenheit: eine PR-Strategie, die dem Projekt vermutlich guttun würde. Mehr Verschleierungs- und Salamitaktik hat die deutsche Öffentlichkeit selten gesehen. Und die, so Abbou weiter, habe „ein Recht zu sehen, wo ihre Milliarden versenkt worden sind". Sympathischer Typ, oder? Ein echter Kontrapunkt in der Berichterstattung. Mag sein, dass Abbou das Interview mit der Geschäftsleitung hätte abstimmen müssen oder zumindest die gewählte Strategie. Doch dafür haben sie ihn eingestellt beim BER: um das Image des Flughafens in spe zu verbessern, wenn das überhaupt noch möglich ist. Immerhin ist Abbou derjenige, der jede neue Terminverzögerung und jedes neue, wahnwitzige aufgedeckte Versäumnis bei der Bauplanung zu erklären hat.

Eine Katastrophenmeldung nach der anderen. Mit den Leuten sprechen soll er: genau das, was die Verantwortlichen für den ganzen Schlamassel seit der geplanten Eröffnung 2012 nicht mehr tun. Und wie reagieren sie, sobald er das tatsächlich mal tut? Genau: Sie stellen ihn unmittelbar nach Veröffentlichung des Interviews frei. Läuft Ihnen da nicht auch ein kalter Schauer über den Rücken? Mehr Monkey Business geht nicht.

Nichts schadet einem Unternehmen mehr als die Angst vor Fehlern und Kritik. Angst gibt es in deutschen Unternehmen immer. Verlässlich. Aber die sogenannte German Angst – die typisch deutsche Zögerlichkeit – hat nur einen verlässlichen Effekt: Sie lähmt.

Offenheit kann nicht nur eine Verbindung herstellen. Sie kann auch operative Fehler verhindern und sogar Katastrophen. Als das Adlon vor beinahe 20 Jahren neu eröffnet wird, bin ich dort der erste Hotelmanager. Neun Monate nach der Wiedereröffnung erleben wir dort den größten anzunehmenden Ernstfall. Wir haben den Präsidenten der Vereinigten Staaten von Amerika zu Gast: Bill Clinton. Die Krönung des Besuchs soll das große Staatsbankett zu seinen Ehren werden. Sie können sich vorstellen, wie viel Planung wir da reinstecken. Dieser Abend soll alles in den Schatten stellen. Und zum Abschluss der Gala wollen wir wie üblich einen Zigarren-Service anbieten.

Bis dahin ist alles perfekt gelaufen. Doch während die Gäste ihr Dessert genießen, kommt plötzlich mein Oberkellner Michael mit ernster Miene auf mich zu und nimmt mich beiseite: „Carsten, ich glaube, wir sind kurz davor, einen großen Fehler zu machen. Wir müssen den Zigarren-Service canceln. Da sitzt Bill Clinton. Da sitzen die Fotografen. Wenn wir jetzt Zigarren servieren – welches Foto geht dann morgen durch die Presse?" Da fällt es mir wie Schuppen von den Augen.

Die News über die Affäre mit Monica Lewinsky sind gerade ganz aktuell am Kochen. Dabei spielt eine Zigarre eine wesentliche Rolle, um nicht zu sagen: die Hauptrolle, denn der Präsident verwendete sie nach Aussage Lewinskys als Sexspielzeug. Ich bin sicher, Sie erinnern sich noch an die Schlagzeilen und die Zitate: „I had no sexual relationship with this woman", sagte der Präsident damals. Bill Clinton hat als Präsident zweifellos einiges geleistet, aber Sex ohne Anfassen ist zuletzt dem Heiligen Geist gelungen. Beinahe hätte ihn die Affäre das Amt gekostet. Kein politischer Fehler hat ihm so sehr geschadet wie diese Unaufrichtigkeit.

Für uns heißt das an jenem Abend im Adlon: Clinton mit Zigarre wäre nicht nur in puncto Pressefotos der Worst Case. Viel schwerer würde für uns als Gastgeber der Vertrauensbruch wiegen, den sie herbeiführen würden. Wir würden unseren Ehrengast damit gewaltig düpieren. Und allen anderen Staatsgästen signalisieren: Das mit der Diskretion haben sie im Adlon nicht so richtig gut drauf. Beinahe wäre uns das durchgerutscht. Hätte Michael aus Angst die Klappe gehalten, hätten wir – verantwortlich also ich – einen derben Fehler begangen. Und genau solche Fehler passieren ständig in Unternehmen. Deshalb brauchen wir Mitarbeiter, die sich trauen, den Mund aufzumachen. Wie wäre es, wenn Sie Fehler in Zukunft nicht verurteilen und auch die eigenen

nicht mehr verstecken? Was halten Sie davon, Fehler offen zu diskutieren und als Lern-grundlage für alle auch mal zu begrüßen? Wenn Sie damit nicht anfangen, indem Sie eigene Fehler eingestehen – Ihre Mitarbeiter werden es garantiert nicht zuerst tun …

Der **HERDENTRIEB**
trainiert uns die
AUFMERKSAMKEIT ab.

Wenn der COMO in uns einen Fehler entdeckt, dann will er lieber den Mund halten: bloß nicht auffallen. Außerdem könnte man die Information später ja noch gebrauchen ... Wieder einer der zahlreichen Effekte der Schwarmdummheit in COMO-Horden. Wenn Michael an jenem Abend den Mund gehalten hätte, hätte ich ihm das nicht einmal verübeln können. Das ist ja keine Situation, wo man leichtfertig zu seinem Chef geht und sagt: Lass uns doch mal eben den Ablaufplan ändern. Das ist ein Staatsbankett für Bill Clinton, das monatelang geplant worden ist.

Und trotzdem macht er den Mund auf. Weil er weiß, dass er mir vertrauen kann und dass ich das nicht in den falschen Hals bekomme. Was die Fehlerkultur anbelangt, könnten sich die BER-Verantwortlichen und manch anderer Manager von Michael eine Scheibe abschneiden. Nicht auffallen wollen, Vorgesetzte aus Angst vor Repressalien nicht auf Fehler hinweisen, Schuldzuweisungen aus Selbstschutz: Viele Unternehmen habe eine Schweigespirale da, wo eine Fehlerkultur sein sollte. Dabei ist nichts konstruktiver als ein offensiver Umgang mit Fehlern – besonders den eigenen.

Political Correctness bringt keine
ERGEBNISSE, FEHLER schon.

Aus Fehlern können wir nämlich lernen. *Da* beginnt Wertschätzung, nicht bei dem pseudohöflichen Gesülze in den Meetings. Nicht, wenn alle wegschauen, um sich nicht unbeliebt zu machen. Die Voraussetzungen heißen einmal mehr: Vertrauen und Verantwortung. Vertrauen in die Führung, dass Fehler lösungsorientiert besprochen werden, nicht schuldorientiert. Wer dieses Vertrauen empfindet, hat keine Hemmungen, die Verantwortung für seine Fehler zu übernehmen. Wenn meine Mitarbeiter mir vertrauen, dann muss ich gar nicht um den heißen Brei herumreden, wenn es um Fehler geht, und mein Team auch nicht. Dann sind klare Ansagen kein Politikum, sondern ein Zeichen dafür, dass die Kommunikation funktioniert.

Erst wenn ich als Leader diesen Punkt erreicht habe: eine konstruktive Fehlerkultur, herrscht in einem Unternehmen wirklich Redefreiheit.

OFFENE KOMMUNIKATION INTEGRIEREN

Bei Kameha Grand ermutigen wir unsere Mitarbeiter ausdrücklich, Fehler offen anzusprechen. Insbesondere die eigenen. Und auch die, die auf Führungsentscheidungen zurückzuführen sind. Damit sie nicht zweimal passieren. Ich war Tennisspieler – und Tennisspieler hassen Doppelfehler. Meine Mitarbeiter genießen ausdrücklich die Freiheit, meine Fehler zu korrigieren. Sie arbeiten am Gast. Sie merken als Erste, wenn etwas schiefläuft. Ich bin darauf angewiesen, dass meine Mitarbeiter mit offenen Augen durchs Hotel laufen. Damit die Kommunikation klappt, haben wir klare Regeln aufgestellt: Wir unterscheiden zwischen Fehlern und Fehlverhalten. Fehlverhalten wird nicht toleriert. Aber mit Fehlern gehen wir offen um. Alles andere wäre fahrlässig. Und ich erkläre Ihnen, warum ich diese Offenheit zwischen Mitarbeitern und Führung für so bedeutsam halte: Wir leben im Feedback-Zeitalter.

Wenn wir in unseren Unternehmen nicht offen über FEHLER SPRECHEN, dann tun es die KUNDEN.

Wenn wir Glück haben, sprechen unsere Kunden direkt mit uns, wenn etwas schiefläuft. Wenn wir etwas weniger Glück haben, läuft das so wie in einem Fernsehsketch. Mit laszivem Lächeln geht eine junge Dame auf den Barkeeper zu und spricht ihn an:

„Bist du hier der Chef?"

„Eigentlich nicht", flüstert der Barkeeper, sichtlich gebauchpinselt.

„Könntest du ihn holen?", fragt die Dame weiter und hält ihn bei der Krawatte.

„Nein", haucht er hoffnungsvoll zurück.

„Kannst du denn was für mich tun?", fragt sie weiter und fährt mit dem Finger über seine Lippen.

„Klar", antwortet er, schon atemlos.

„Sag deinem Chef doch bitte, dass es weder Papier noch Seife auf den Toiletten gibt."

Und wenn wir richtig Pech haben, reden die Kunden in den sozialen Netzwerken über unsere Fehler. Dann sind wir schnell mit Vorwürfen bei der Hand: „Die Digitalisierung ruiniert unser Geschäftsmodell! Der kleinste Fehler, schon steht es bei Facebook! Den maulfaulen digitalen Kunden von heute kann man nichts recht machen!" Von den Kunden erwarten wir also, dass sie Fehler direkt bei uns ansprechen, anstatt sich online auszulassen, wo sich das Problem unserer Kontrolle entzieht. Aus unternehmerischer Sicht bin ich grundsätzlich derselben Meinung: Wie soll ich einen Fehler wiedergutmachen, wenn der Kunde mir gar nicht die Chance gibt? Aber wenn ich von meinen Kunden erwarte, dass sie mit mir über Fehler sprechen – wie könnte ich mich und meine Mitarbeiter dann von derselben Verantwortung freisprechen? Das Motto lautet: Never ever lose a customer. Und deshalb ist das Ziel, dass möglichst wenige Fehler am Kunden passieren, und vor allem: kein Fehlverhalten. Doch Fehler, die nicht thematisiert werden, wiederholen sich und wiegen jedes Mal schwerer.

ACHTUNG, MONKEY CODE: MITARBEITER WOLLEN KLARTEXT

Wenn in unseren Unternehmen um den heißen Brei herumgeredet wird, dann sind es die Kunden, die das ausbaden. Und das schlägt letzten Endes auf die Führung zurück. Davon hat niemand etwas. Auch nicht die Mitarbeiter. Meine Erfahrung ist vielmehr: Verantwortungsvolle Mitarbeiter wollen nicht in Watte gepackt werden. Sie wollen Orientierung.

Mitarbeiter wollen klar kritisiert und klar gelobt werden. Nicht das eine oder das andere. Weniger Entweder-oder, mehr Sowohl-als-auch!

Aufrichtige Kommunikation darf sich nicht auf PC beschränken und vor Fehlern haltmachen. Aufrichtige Kommunikation integriert Wertschätzung *und* Kritik. Und beides in klaren Worten. Also nicht in denen, die das Karriereportal XING bei seinen Usern ermittelt hat: die nervigsten aller Chef-Sprüche, eingesandt von entnervten Mitarbeitern mit Führungstrauma. Unkonkrete, indirekte, sogar verschleiernde Führungsfloskeln zuhauf.

Die wichtigsten Redewendungen des Monkey Codes, die ich für Sie in ihre eigentlichen Aussagen übersetzt habe, sind:

Monkey Code	Eigentliche Aussage
„Wir müssen an unserer Performance arbeiten."	Ihr seid alle faule Säcke, und die Abschussliste liegt in meiner Schublade.
„Danke für den Input!"	Damit kann ich nichts anfangen.
„Du machst das schon!"	Himmelfahrtskommando – viel Glück, ich bin raus!
„Sie müssen auf die neuralgischen Punkte achten."	Bei mir haben Sie nämlich gerade einen getroffen.
„Don't hesitate to contact me."	Ich hoffe, dass ich nie wieder damit behelligt werde.
„Da bin ich leidenschaftslos."	Natürlich habe ich wie immer recht, aber mach doch, was du willst.
„Klärt das bitte bilateral!"	Nehmt mich verdammt noch mal aus dem cc.
„Bis morgen in alter Frische!"	Denkt ja nicht, dass die Überstunden von heute euch morgen irgendwie zugutekommen.

„Ich will Lösungen hören und keine Probleme."	Verdammte Jammerlappen!
„Ist nur mal so 'ne Idee!"	Ich erwarte, dass das nächste Woche in Perfektion umgesetzt ist.
„Keine Sorge, das habe ich auf dem Schirm."	Ich habe keine Zeit für diesen Mist.
„Das kann ich jetzt wieder in die Tonne kloppen."	Mit einem vernünftigen Briefing wäre das nicht in die Hose gegangen.
„Ich setz' dich mal in cc"	Ich erwarte, dass du dich darum kümmerst.
„Der Kollege ist da besser im Thema."	Ist mir zu banal – das kann der Lakai erledigen.
„Wir müssen den Kunden mehr abholen."	Unser Service/unsere PR ist zum Kotzen.
„Ich will das ja selbst vom Tisch haben."	War nie auf meinem Tisch, aber auf deinem bleibt es so lange, bis ich zufrieden bin.
„Das skaliert doch nicht."	Das ist einfach eine dämliche Idee.
„Das müssen wir proaktiv angehen."	Bewegt eure Ärsche!
„Das sagt mir jetzt auf Anhieb nichts."	Vollkommen irrelevant, nächster Punkt.
„Den hab ich noch nicht erreicht."	Und ich habe auch nicht vor, ihn anzurufen.

Gruselig, oder? Vielen Führungskräften geht es im Dialog – wenn man das so nennen möchte – mit ihren Mitarbeitern offenbar gerade nicht um Kommunikation, sondern um maximale Sinnentleerung. Die Motivation: Einerseits legen COMOs großen Wert darauf, ja nichts Falsches zu sagen. Dabei ertappen wir alle uns hin und wieder mal, oder? Andererseits ist besonders das Mittelmanagement in seinem Kommunikations-Sandwich zwischen Vorstand und Mitarbeitern gefangen. Hier lautet die Devise oft ähnlich wie in der Politik, die zwischen verschiedenen Interessengruppen und dem Volkswillen zu vermitteln hat: sich bloß nicht festlegen. Wer sich festlegt, kann nämlich festgenagelt werden. Jedenfalls dort, wo das Monkey Business regiert. All diese Floskeln dienen dazu, so wenig Verantwortung zu übernehmen wie möglich – also so wenig zu führen wie möglich. Immer schön PC, damit es keinem auffällt und sich keiner beschweren kann.

Der Monkey Code funktioniert natürlich wunderbar – außer wenn man tatsächlich führen, entwickeln und im Team etwas erreichen will. Wenn es um Leistung geht, zählen keine Ausflüchte. Sportler können davon ein Lied singen: *Ein guter Coach durchschaut jede innere Blockade.*

Ich habe in meiner Jugend semiprofessionell Tennis gespielt. Deshalb vergleiche ich die Entwicklungsprozesse in Unternehmen gern mit dem Leistungssport. Woran merkt ein Sportler, dass er an seine Grenzen kommt? Am Schmerz. Und wie entwickelt er sich weiter? Indem er sich den Schmerz zum Sparringspartner macht. Ich bin der festen Überzeugung, dass es in der Kommunikation genauso ist: Wenn wir die unangenehmen Situationen vermeiden und das Reden einstellen, bevor es wehtut, dann kommen wir nicht weiter.

Nichts SCHADET einem Unternehmen mehr als die ANGST vor klaren Worten.

Wenn wir uns von den Kommunikationsbarrieren ausbremsen lassen, dann leiden die Ergebnisse. Dann leiden die Mitarbeiter. Und dann leiden wir auch als Führende. Das ist ein Teufelskreis, in dessen Zentrum die Führung gefangen ist. Wie im Auge eines Tornados ist es dort oft sehr still. Wenn wir von COMOs umgeben sind oder das Monkey Business unbewusst durch Stillschweigen befördern, dringen Fehler gar nicht erst zu uns Führungskräften durch. Wenn es in Ihrem Aktionsradius in puncto Fehler also sehr still ist: Treten Sie einfach mal einen Schritt vor. Wenn Sie wollen, dass Ihre Mitarbeiter offen mit Fehlern umgehen, dann können Sie ihnen das vorleben. Keine Sorge: Es wird sie nicht schwächen, sondern Ihnen Respekt verschaffen. Sie brauchen sich nicht zu entschuldigen, sondern den Fehler nur lösungsorientiert zu kommunizieren.

Können Sie sich vorstellen, Ihre Leute einmal zu fragen, an welchen Sprachbarrieren die Kommunikation scheitert, wenn etwas schiefgeht? Wenn sich Ihre Mitarbeiter nicht trauen, Probleme anzusprechen, dann hat das einen Grund. Und der hat mit der Führungskultur zu tun.

Verantwortungsvolle Mitarbeiter werden Ihnen die Offenheit danken und daraus lernen. Und COMOs werden sich durch ihre Häme enttarnen.

„Wer wirklich **AUTORITÄT** hat, wird sich nicht scheuen, **FEHLER** zuzugeben."
(Bertrand Russell)

141

KOMMUNIKATIONS-PRAKTIKEN FÜR DIE TONNE: MITARBEITERGESPRÄCHE

All das ist ganz ausdrücklich nicht als Strategie fürs nächste Mitarbeitergespräch gemeint. Nicht, weil es dort nicht funktionieren würde, sondern weil das zu kurz greift. Ich meine damit nicht, dass wir aufhören sollten, regelmäßig mit unseren Mitarbeitern zu reden. Es geht mir vielmehr darum, dass wir das viel öfter tun sollten. Wem bitte nützt ein turnusmäßiges Mitarbeitergespräch? In den meisten Fällen finden diese Termine vor Abschluss des Geschäftsjahres statt, wenn beide Gesprächspartner mental schon die Koffer für den Urlaub gepackt haben. Und so, wie diese Gespräche in den meisten Fällen laufen, haben die dort vereinbarten Ziele und Verbesserungsvorschläge meist eine Halbwertszeit von schätzungsweise drei Sangria-Eimern. Nicht jeder Chef ist ein glänzender Rhetoriker, und nicht jeder muss einer sein. Empathie funktioniert besser dann, wenn sie gebraucht wird: in Aktion.

Sechs Prozent der Fortune-500-Unternehmen haben sich bereits gänzlich vom Führungsinstrument Mitarbeitergespräch verabschiedet. Zum Beispiel Microsoft, Google, Accenture, Adobe. Und von anderen klassischen Führungsinstrumenten gleich mit. Zeiterfassung zum Beispiel. Warum? Weil turnusmäßige Mitarbeitergespräche meist eben nicht auf Empathie und Fehlerkultur beruhen, sondern auf Kennzahlen. Und damit automatisch auf Hierarchie und Kontrolle. Genau wie die Zeiterfassung. Mitarbeitern, die sich für das gemeinsame Ziel ein Bein ausreißen, werden Sie damit nicht gerecht. Und den COMOs liefern Sie damit nur Munition, um sich durch Zahlendrehereien von der Verantwortung freizuschießen. Vielen Führungskräften wiederum dient das antiquierte Werkzeug der internen Kommunikation als Ausrede: das eine Gespräch im Jahr oder im Quartal, dann ist die Kommunikationspflicht erfüllt. In Klammern: An den übrigen 220 Arbeitstagen im Jahr können die Mitarbeiter mit ihrem Bedürfnis nach professionellem und menschlichem Austausch sehen, wo sie bleiben.

Vertrauen geht anders. Wenn Sie über Beziehungen führen, dann ist ein fortlaufender Dialog Pflicht. Und wenn Sie Ihren Mitarbeitern vertrauen, dann untergraben Sie das gegenseitige Vertrauen nicht damit, dass Sie sie jedes Jahr zur selben Zeit zum Rapport antreten lassen und die Zahlen durchgehen. Für die Mitarbeiter fühlt sich das nämlich verdammt einseitig an: Sie müssen sich rechtfertigen, während Sie selbst richten. Das ist das Gegenteil von Augenhöhe, das Gegenteil von Wertschätzung – das Gegenteil von Kommunikation. Mit solchen Praktiken spielen wir dem Monkey Business in die Karten: Wir errichten Barrieren, anstatt Freiheiten zu schaffen. In freien Systemen herrscht kein monologisches Berichts- und Gerichtswesen, sondern der Dialog.

FÜHRUNG ist ein DIALOG.

Wenn Sie es nicht für die Mitarbeiter tun, tun Sie es für sich: Die Benchmarkerei, die als Grundlage der schematisierten Führungskommunikation dient, hat sich inzwischen als ineffektiv erwiesen. Eine Studie in den USA hat gezeigt, dass ein großes Unternehmen mit etwa 10.000 Angestellten im Schnitt 35 Millionen Dollar jährlich für die Leistungsmessung ausgibt – mit geringem Erfolg. Dafür mit dem Effekt, dass das Vertrauen der Führungskräfte beschädigt wird. 95 Prozent der Manager sind laut derselben Studie mit der Evaluationspraxis unzufrieden. Und 90 Prozent der Personaler können mit den Ergebnissen nichts anfangen.[27] Wenig spricht dagegen, dass das Ergebnis hierzulande sehr viel anders ausfallen würde. Eigentlich kann ich mir das Argumentieren also sparen: Sie haben wahrscheinlich sowieso keine Lust auf den standardisierten Quatsch. Ausnahme: die COMOs. Denen bleibt ohne die Benchmarkerei nämlich wenig an Werten, woran sie sich festhalten könnten.

Das ist unfreie Kommunikation. Die alte Leistungsmessung hat ausgedient – sie passt nicht mehr zu den Anforderungen an Führung. Es reicht nicht, einmal im Quartal oder einmal im Jahr in den Dialog zu gehen. Schon gar nicht, wenn sich das für den Mitarbeiter nur anfühlt wie eine Kontrollmaßnahme. Was die Generationen Y und Z, die Mitarbeiter und Führungskräfte der Zukunft, dagegen tatsächlich einfordern, ist Feedback. Besser, wir machen uns umgehend klar, was das heißt: Die jungen Leute sind Echtzeit-Feedback gewohnt. Die warten nicht bis vor dem nächsten Urlaub. Jedenfalls nicht sehr oft, bevor sie mit jemand anderem reden. In der modernen Arbeitswelt, so Prof. Dr. Armin Trost von der Hochschule Furtwangen, sind Feedbackgespräche sinnlos. In den streng hierarchischen Unternehmensstrukturen der Vergangenheit machten sie durchaus Sinn, so der Wissenschaftler, denn dort traten Manager als Bosse auf und führten nach dem Prinzip von Weisung und Kontrolle.[28]

Schwer greifbar zu sein und sich rar zu machen, gehört in dieser alten Welt zum Konzept der Führung dazu. In diesen Systemen verläuft allerdings nicht nur die Zielvereinbarung, sondern die gesamte Kommunikation top-down – also auch dieses „Gespräch". Je agiler oder auch einfach nur weniger eindeutig arbeitsteilig ein Unternehmen ist, je mehr Gestaltungsspielräume und andere Freiheiten die Mitarbeiter bespielen können und dürfen, desto weniger Sinn macht der jährliche Rapport. Denn wo agil gearbeitet wird, kann auch die Kommunikation nur agil sein.

Die Chefs der Zukunft kommunizieren:

- kontinuierlich,
- kooperativ,
- moderierend,
- partnerschaftlich und
- auf Augenhöhe.

In einem Wort: vertrauensvoll.

FÜHRUNGS-KOMMUNIKATION: REDEFREIHEIT FÜR ALLE

Eine offene Fehler- und Kommunikationskultur ist ein Zeichen dafür, dass in Ihrem Unternehmen eine Vertrauensbasis herrscht. Wenn also das nächste Mal ein Mitarbeiter zu Ihnen kommt und sagt „Chef, ich habe Mist gebaut", dann dürfen Sie sich selbst auf die Schulter klopfen. Hand aufs Herz – wann ist das letzte Mal ein Mitarbeiter aus freien Stücken zu Ihnen gekommen, um über einen Fehler zu sprechen? Wenn das länger her ist als ein paar Wochen, dann garantiere ich Ihnen eins: Es liegt nicht daran, dass in Ihrem Verantwortungsbereich keine Fehler passieren. Wenn Sie als Führungskraft nicht offen sprechen, dann werden Ihre Mitarbeiter es auch nicht tun. Eine Abteilung oder ein Team, dessen Mitglieder Angst haben, den Mund aufzumachen, kann auf Dauer keine Höchstleistungen bringen. Denn jede Barriere, jedes Hemmnis der Excellence in diesem Team wird totgeschwiegen und kann deshalb auch nicht aus dem Weg geräumt werden.

Können Sie sich vorstellen, den Schalter in der Kommunikation auf Freiheit umzulegen? So reißen Sie die Kommunikationsbarrieren in unseren Unternehmen ein:

Führungskommunikation: Drei Schritte zur Redefreiheit

Machen Sie Redefreiheit zum Führungsprinzip! Keine falsch verstandene Höflichkeit, keine Verzögerungstaktiken, keine Angst ums Image. Kommunizieren Sie immer klar in der Sache und respektvoll im Ton!

Etablieren Sie eine offene Fehlerkultur! Schenken Sie Ihren Mitarbeitern die Freiheit, Fehler zu machen und im Vertrauen direkte Kritik zu üben – auch an Ihren Führungsfehlern!

Ein echtes Team kennt keine Tabus – legen Sie Fehler und Probleme, aber auch Konflikte offen! Sprechen Sie lösungsorientiert über jedes Hemmnis im Team und lernen Sie gemeinsam daraus!

Die goldene Regel der Führungskommunikation: **REDEFREIHEIT** ist das Aushängeschild eines **STARKEN** Leaders.

4. WINNING-TEAMS

WARUM INDIVIDUALISTEN DIE BESSEREN TEAMWORKER SIND

EIN COMO KOMMT SELTEN ALLEIN

Wenn eine Führungskraft vom COMO-Virus befallen ist, zieht das Kreise. COMOs infizieren ihre Umgebung – ob sie das wollen oder nicht. Sie führen ihre Teams in die Irre.

COMOs sind von Natur aus keine Teamplayer, sondern Profiteure. Der Begriff beschreibt sogenannte „Führungskräfte", die so schnell wie möglich und mit allen Mitteln die Karriereleiter hochklettern wollen. Wie ein Affe, der einen Baum hochklettert, weil oben die dicksten Kokosnüsse hängen. Corporate Monkeys tun alles, um an die dicksten Kokosnüsse zu kommen. Alles, was in ihrer Umgebung opportun ist. *Sie tragen den richtigen Anzug. Sie küssen die richtigen Hintern. Sie sagen die vermeintlich „richtigen" Dinge.*

Und hier ist der entscheidende Punkt: COMOs interessieren sich nicht für die Zukunft des Unternehmens, ihrer Kollegen oder ihrer Kunden, sondern für die eigene Kokosnuss. Die Kokosnuss ist ihre einzige Motivation. Bei den meisten Corporate Monkeys sind es Status und Geld: Sie wollen so schnell wie möglich so hoch wie möglich in der Hierarchie aufsteigen und zwar bei möglichst wenig Eigenleistung. Idealerweise schaffen sie es auf diesem Weg in eine Position, die selbst bei vorzeitigem Ausscheiden noch vergoldet wird.

Auf diesem Weg schreckt ein lupenreiner COMO vor nichts zurück. Nicht vor Intrigen, nicht vor miesen Tricks, schon gar nicht vor solchen Lappalien wie dem Diebstahl von geistigem Eigentum. Und wehe, ein gleich- oder untergeordneter Kollege kommt ihm dabei in die Quere. Das passiert keineswegs selten, denn letztlich kommen die Boni, die Beförderungen und die Empfehlungen innerhalb eines Teams oder einer Abteilung ja alle aus demselben Topf.

Das berühmte Kinderlied vermutlich aus den 1950er-Jahren – ausgerechnet aus der Zeit des Wirtschaftswunders – bringt auf den Punkt, wie ein COMO drauf ist, wenn er mal so richtig in Fahrt ist.

Die Affen rasen durch den Wald,
der eine macht den andern kalt.
Die ganze Affenbande brüllt:
Wo ist die Kokosnuss,
wo ist die Kokosnuss,
wer hat die Kokosnuss geklaut?

COMOs sind ständig in Sorge, dass jemand ihnen etwas wegnehmen könnte, denn COMOs sind immer unzufrieden. Das sind die Mitarbeiter, die Sie allein mit einer Gehaltserhöhung oder anderen geldwerten Vorteilen motivieren können. Sehr beliebt: ein neuer Dienstwagen. Möglichst größer als der des Kollegen in gleicher Position aus der anderen Abteilung. COMOs erkennen Sie daran, dass sie auf die falschen Anreize reagieren.

COMOs sind echte
MOTIVATIONS-JUNKIES.

Leider sind alle Anreize bei den COMOs letztlich verschwendet. Je mehr Sie sie für das Unternehmen zu gewinnen versuchen, desto mehr wollen sie für sich rausholen. Ein COMO bekommt nie genug. Und er sieht sich immer in Konkurrenz zu allen anderen COMOs in seinem Umfeld. Sind seine Mitarbeiter und Kollegen noch keine COMOs, dann versucht er sie dazu zu machen — meist nicht bewusst, sondern versehentlich. Durch sein Verhalten schafft er sich seine eigene Konkurrenz. Denn wenn Mitarbeiter von ihrer Führungskraft lernen, dass die Kokosnuss das Einzige ist, was zählt — dann kann es leider passieren, dass sie früher oder später auch kein anderes Ziel mehr kennen. Unternehmen, Abteilungen, Teams sind wie Biotope. Gibt es einen COMO, gibt es wahrscheinlich mehrere. Je höher sie in der Hierarchie sitzen, desto gefährlicher. Ein COMO kommt selten allein.

DIE AMBITIONSFALLE

Aber wo kommen die Corporate Monkeys eigentlich her? Warum gibt es so viele davon in unseren Unternehmen, dass kaum einer von uns noch wirklich frei ist von COMO-Einflüssen? Warum ist die Sozialisation von Nachwuchstalenten, insbesondere in Vorbereitung auf Führungspositionen, so stark vom Monkey Business geprägt?

Weil viele Bosse, die ganz oben die goldene Kokosnuss verwalten, nach Mitarbeitern suchen, die ihre Visionen teilen. Auch die „guten Bosse" mit den „guten Visionen" übrigens. Sobald etwas funktioniert, sei es ein Geschäftsmodell oder ein ideologisches Prinzip, wird es attraktiv für jene, die es auf den persönlichen Vorteil abgesehen haben.

Macht ist zunächst einmal neutral; wenn man sie erst einmal hat, kann man sie beliebig mit einer eigenen Agenda füllen. Mancher katholische Ministrant oder Unterstützer von Donald Trump kann ein Lied davon singen.

Als Chef stelle ich bevorzugt natürlich jemanden ein, der meine Vorstellungen von der Entwicklung des Unternehmens teilt und mir in entscheidenden Punkten zu folgen scheint. Das Problem ist: Genau das können die Corporate Monkeys sehr gut simulieren. Ich kann jeden Chef verstehen, der auf sie hereinfällt. Mir ist das auch schon passiert, mehr als einmal. Gerade deshalb kann ich nur davor warnen, die Gefügigkeit von potenziellen Mitarbeitern zum Kriterium bei der Talentakquise zu machen.

Wir brauchen keine Corporate Monkeys. Die haben nämlich keine Visionen. Was wir brauchen, sind Talente mit eigenen Ideen. Was wir brauchen, sind Teams, in denen eben nicht alle gleich sind und der gleichen Kokosnuss hinterherjagen.

Wir glauben immer, wir müssten nur Leute mit ganz großen Ambitionen einstellen. Aber wenn jeder nur nach oben will, wenn jeder führen und das alleinige Sagen haben will, wer soll denn dann alles *aus*führen?

Es gibt einen Unterschied zwischen *Ambitionen* und *Engagement*. Dass jemand engagiert ist, heißt nicht automatisch, dass er die klassische Karriere machen will. Und dass jemand Ambitionen hat, heißt noch lange nicht, dass er sich im Unternehmen so richtig reinhängt. Sondern erst einmal nur, dass er es „zu etwas bringen" will. Das ist zwar auch eine intrinsische Motivation und eine sehr starke dazu. Leider ist es aber auch der zentrale Bestandteil der COMO-DNA.

Wenn die AMBITIONEN stärker sind als das Verantwortungsgefühl für das Unternehmen, wirkt das wie SÄURE auf die Moral in der Mannschaft.

Egoistische Ambitionen können alle vier Säulen der Freiheit zersetzen. Deshalb haben Ambitionen allein noch keinen Aussagewert über die Eignung einer Führungskraft oder auch eines Mitarbeiters. Entscheidend ist, ob derjenige etwas bewegen will oder nur sich selbst, nämlich auf die nächsthöhere Hierarchiestufe. Die entscheidende Frage in jedem Bewerbungsgespräch sollte deshalb lauten: Wozu? Wenn die Antwort auf diese Frage sich nicht auf Geld und Status beschränkt, besitzt der Kandidat Engagement. Das ist für das Unternehmen allemal wertvoller als pure Ambitionen, denn Engagement hat einen direkten Bezug zum Unternehmen, zu den gemeinsamen Zielen. Wenn ein Mitarbeiter oder eine Führungskraft engagiert ist, will er oder sie etwas bewegen. Krebs heilen, den Hunger in der Welt besiegen oder das perfekte vegane Gummibärchen erschaffen. Das ist Engagement. Etwas, das COMOs nicht kennen. Sie haben nur Ambitionen.

COMOs brauchen kein höheres ZIEL. Je tiefer die Kokosnüsse hängen, desto BEQUEMER werden sie.

WARUM WIR MEHR MACHER BRAUCHEN

Was schätzen Sie, wie viele Mitarbeiter in Ihrem Unternehmen wirklich engagiert sind? Laut Gallup, dem weltweit führenden Marktforschungsinstitut, sind es in deutschen Unternehmen durchschnittlich gerade mal 15 Prozent der Belegschaft.[29] Das sind die *Macher* in unseren Unternehmen. 70 Prozent sind *Mitmacher*. Die machen zwar mit, was man ihnen sagt, haben aber keinen Gestaltungsdrang. Und der Rest, also wieder 15 Prozent, sind *Miesmacher*. Was man denen sagt, ist eigentlich egal, denn sie tun sowieso das Gegenteil.

Die demografische Verteilung in COMO Country sieht also so aus:

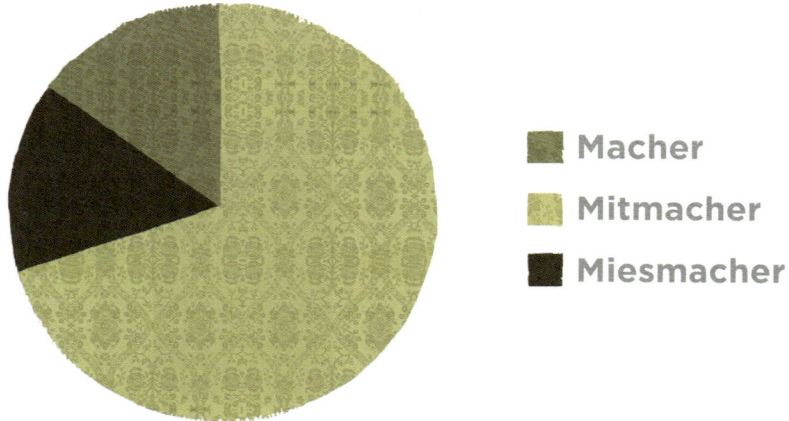

Macher

Mitmacher

Miesmacher

15 Prozent Engagierte: Das reicht für ein Unternehmen nicht, um herauszuragen. Vor allem dann nicht, wenn sie von der Zahl der Miesmacher aufgewogen werden. Deshalb ist Talentauswahl in meinen Augen Chefsache. Wir brauchen mehr Macher in unseren Unternehmen. *Einen Macher zeichnen nicht seine Ambitionen aus, sondern sein Engagement.* Und das heißt: Wir dürfen keine COMOs einstellen. Chronische COMOs sind Miesmacher. Domestizierte COMOs sind Mitläufer. Die ambitioniertesten oft ganz besonders.

WIE ERFOLGREICHE TEAMS FUNKTIONIEREN

Bei der Talentauswahl legen wir den Grundstein für erfolgreiches Teamwork. Den größten Gefallen tun wir uns als Leader, wenn wir dabei das große Ganze in den Blick nehmen: wie erfolgreiche Teams wirklich funktionieren. Nicht gestern, in der alten Wirtschaft, wo Entscheidungen zentralisiert waren, wo Mitarbeiter festen Mustern zu folgen hatten. Sondern in der Wirtschaftswelt der Zukunft.

In der vernetzten Wissensgesellschaft ist kooperatives Arbeiten kein Soft Skill mehr, sondern alternativlos.

Die Mitarbeiter, die wir in der Arbeitswelt von morgen brauchen, dürfen nicht allein hinter irgendeiner Kokosnuss herlaufen. Sie müssen ihre eigenen Ideen haben *und* Teamplayer sein. Nicht das eine oder das andere, sondern sowohl als auch. COMOs sind beides *nicht.*

In einer Studie über die Megatrends der Arbeit im digitalen Zeitalter hat der Think Tank „Shareground" der Telekom in Kooperation mit der Universität St. Gallen untersucht, welche Merkmale das Arbeitsleben der Zukunft charakterisieren.[30] Aus den Ergebnissen lässt sich eine Tendenz herauslesen, dass wir in Zukunft auf der inhaltlichen Ebene viel enger als bisher zusammenarbeiten werden – durch flache Netzwerkstrukturen, Plattformdenken und die Verknüpfung vom Communitys innerhalb und außerhalb des Unternehmens. Im physischen Sinne aber werden viel mehr Mitarbeiter als bisher allein arbeiten. Zum einen wird ein wachsender Anteil von Kernprozessen – insbesondere die kreativen – ausgelagert und als Dienstleistungen erbracht statt als Teil der internen Workforce. Zum anderen fördern die technologischen Fortschritte die räumliche Flexibilität von Mitarbeitern. Die Autoren der Studie glauben, dass Mitarbeiter in Zukunft Souveränität bei Ort, Zeit und Auszeiten einfordern und nicht mehr an ihrer physischen Präsenz, sondern am Ergebnis gemessen werden. Die Mitarbeiter der Zukunft arbeiten also community-orientiert, auch wenn sie allein arbeiten, und haben bei ihren kreativen Prozessen und der Gestaltung ihrer Produktivität weitestgehend freie Hand. Mit anderen Worten: große Freiheiten bei großer Verantwortung.

Der ideale Mitarbeiter hat eigene Ideen, will sie
GEMEINSAM mit anderen
ENTWICKELN
und teilt den Erfolg.

Diese Form des Teamworks ist durch eine Führung, die auf Abhängigkeiten setzt, nicht steuerbar. Nicht nur unsere Teams als Gruppen müssen in Zukunft allein laufen können, sondern auch die einzelnen Teammitglieder. Und gleichzeitig sollen sie es schaffen, sich selbst so zu koordinieren, dass sie jederzeit ihren Beitrag leisten.

Wenn Sie diesen Wandel mit COMOs zu bewältigen versuchen, die keine Eigenverantwortung übernehmen und keinen Gestaltungswillen besitzen, werden Sie eine böse Überraschung erleben. Denn in dieser hoch spezialisierten, hoch kommunikativen und zugleich hoch flexiblen Arbeitswelt kann nur bestehen, wer sich einerseits selbst motivieren und andererseits voll in komplexe Netzwerke integrieren kann. Das ist auch eine Frage von Kommunikations- und Vernetzungskompetenzen. Zuallererst aber ist es eine Frage der Haltung. Der Mitarbeiter und in ihrer koordinierenden Position noch mehr die Führungskraft der Zukunft sind ein Hybrid aus Mannschaftsspieler und Einzelkämpfer: kreativ, ermächtigt und integrativ. Ein Widerspruch, den nur Freiheit als Führungsprinzip auflösen kann: weniger Abhängigkeiten, mehr V^4.

Der moderne Fußball, und insbesondere die Philosophie des deutschen Fußballs unter Jogi Löw, kommt dieser Vorstellung schon recht nahe: „Die Mannschaft" wird immer wieder für ihren Zusammenhalt, die besondere Atmosphäre im Team, das unbedingte Einstehen füreinander auf dem Weg zum großen gemeinsamen Ziel gelobt. Gleichzeitig hat der Bundestrainer ein – meistens – bemerkenswertes Händchen dafür, immer den Einzelakteur mit seinen ganz individuellen Talenten an der richtigen Stelle einzusetzen, sodass er in einem schwierigen Spiel den entscheidenden Impuls setzen kann. Und auch die Bedeutung von Führungsspielern in einem eigentlich sehr gleichberechtigten Team wird immer wieder deutlich in der deutschen Nationalmannschaft: Wie ein Bastian Schweinsteiger sich im WM-Finale 2014 selbst im Gesicht blutend noch bis zum Letzten aufopferte, bewegte die ganze Nation – und trug letztlich zum Titelgewinn bei. Und als Jérôme Boateng, mit der Mannschaftsleistung unzufrieden, beim EM-Viertelfinale 2016 mal ein paar Takte Klartext in die Weiten des Stadions brüllte, waren sich alle Kommentatoren, der Bundestrainer und auch die Teamkollegen einig: Richtig so – der darf das und der muss das!

Der Fußball ist eine spannende Mischung aus bedingungslosem Teamplay, Individualität und Führungsstärke. Je mehr Freiräume die großen Talente bekommen, desto mehr scheinen sie sich für das Team aufzuopfern, desto mehr scheinen sie den gemeinsamen Erfolg unbedingt zu wollen, desto mehr bringen sie ihre individuellen Stärken zum Tragen. Ein großartiger Trainer bemüht sich nicht, die Individualität der Besten abzuschleifen, damit sie sich in ein vorgegebenes Spielsystem einfügen. Vielmehr lässt er nichts unversucht, um diese Stärken zu integrieren und das System um die Individualisten herumzubauen, damit ein einzigartiges Team daraus wird. Ein Team, das nicht trotzdem, sondern genau deswegen funktioniert und Höchstleistungen vollbringen kann.

Ist das nicht die Art Teamwork, die wir uns in unseren Unternehmen wünschen?

DER AFRIKANISCHE FREIHEITS-CHOR

Es heißt, jede Kette sei nur so stark wie ihr schwächstes Glied. Das bedeutet umgekehrt: Je stärker das *einzelne* Glied, desto stärker die Kette. Und deshalb bin ich der Meinung, dass ein gesunder Individualismus nicht etwa schlecht für das Teamwork ist, sondern sogar gut. Ein Mitarbeiter ist nicht dadurch stark, dass er von allen anderen abhängig ist.

Ein Mitarbeiter ist dann auch IM TEAM stark, wenn er SELBSTWIRKSAM ist.

Und wenn er Kollegen im Rücken hat, die es ebenfalls sind. Je mehr Teammitglieder eigenverantwortlich entscheiden und handeln können, desto besser ist der Output.

Nie wurde mir das emotionaler vor Augen geführt als in Afrika. Einige Jahre bevor ich meine eigene Hotelmarke „Kameha Grand" ins Leben rief, war ich CEO der Arabella Starwood Hotels & Resorts. Dieses Konsortium ist Ihnen vielleicht ein Begriff durch Marken wie Sheraton, Westin, Luxury Collection oder Le Méridien. Dort führte ich eine Qualitätsoffensive in unseren 44 Hotels ein, die *Passion – People – Performance* heißt. Kurz: PPP. Ich flog monatelang durch die Welt, um meine Prinzipien einer Haltung der Excellence in Service und Führung vor Ort in den Hotels vorzustellen und jeden Mitarbeiter persönlich dafür zu gewinnen.

So der Plan. Bis ich nach Afrika komme. Da lerne ich eine Lektion über Teamwork, die noch wichtiger ist als PPP.

Ein heißer Tag, wie man ihn sich in Afrika vorstellen würde. In Kapstadt werden wir vom Area-Manager empfangen. Robert genießt einen herausragenden Ruf im Unternehmen, und ich verstehe schnell, warum: Er sprüht nicht nur vor guten Ideen, er ist auch ein Ausbund an Herzlichkeit. Nach der Begrüßung führt er unsere kleine Delegation ins Hotel. Es ist ein typischer Prachtbau mit Glasfassade, wie viele 5-Sterne-Hotels überall auf der Welt. Nach dem langen Flug denken wir: Robert wird uns entweder für eine Stärkung ins Restaurant bringen oder in irgendeinen Konferenzraum, damit wir den Ablauf des Workshops besprechen können. Aber wir laufen immer weiter. Durch die lichtdurchflutete Lobby mit ihren glänzenden Säulen und Fußböden. Vorbei an der Bar. Vorbei am Restaurant. Vorbei an den Konferenzräumen. Ich denke noch: Wo will der Mann mit uns hin – wenn wir noch weiter laufen, muss ich gleich wieder meinen Pass auspacken!

Und dann stehen wir irgendwann vor einer großen Tür. Die stößt Robert mit einem Ruck auf. Und uns verschlägt es die Sprache.

Hinter der Tür, aus dem riesigen Saal des Hotels heraus, strahlen uns 500 Gesichter entgegen. 500 strahlende Mitarbeiter! Der Anblick allein ist schon überwältigend. Sie sind aufgereiht in mehreren gigantischen Halbkreisen. Über ihren Uniformen tragen sie afrikanische Gewänder und Hüte in allen Farben des Regenbogens. Es ist ein einziges Farbenmeer. Aber das ist noch lange nicht alles. Das ist erst der Anfang. Wir haben kaum den Anblick verarbeitet, da geht es erst richtig los. Jetzt kommt diese Dampflok von einer Mannschaft in Fahrt. Auf ein Zeichen von Robert atmen 500 Südafrikaner tief ein, reißen die Arme nach oben und beginnen aus voller Kehle zu singen.

Jetzt begreifen wir erst, was wir da eigentlich vor uns haben: einen 500 Mann starken Gospelchor. Als der erste Akkord über uns hinwegrollt, haut uns die Schallwelle förmlich um. Und jetzt fängt die ganze Truppe auch noch an zu tanzen und mit den Fingern zu schnippen. Die Gewänder fliegen, die Farben sprühen. Und alles ist erfüllt von diesem Klang aus 500 Kehlen. Diese Leidenschaft, diese Anmut, diese Naturgewalt – ich kann das mit Worten gar nicht beschreiben. Sie können sich vorstellen: Ich bin völlig platt. Ich bin so überwältigt, dass ich erst mal gar nicht verstehe, was die da singen. Ich muss den Refrain dreimal hören, damit die Worte bei mir ankommen: „Passion, people, performance. Passion, people, performance." Die singen über unsere PPP! Die singen unsere Philosophie! Die haben aus meinem Motto einen Song gemacht! Einen Song, der so emotional ist und so mitreißend, dass ich denke: Was soll ich denen denn bitte noch beibringen? Die haben das nicht nur verstanden, sie haben es auf den Punkt gebracht! Die haben unserer europäischen Kopfgeburt einen Klang gegeben.

DIE DEMUT DER FÜHRUNG

Als die afrikanische Vorstellung beendet ist, sind wir akustisch taub und emotional in Aufruhr. Mehr als klatschen, johlen und pfeifen können wir nicht mit unseren mickrigen fünf Kehlen als Reaktion auf den Gesang von 500. Es hört sich armselig an im Vergleich, aber mehr können wir nicht tun. Und mich beschleicht das Gefühl: Mehr können wir in der Führung oft nicht tun, wenn unsere Mitarbeiter ihr Bestes geben. Die Wertschätzung, die wir ausgeben können, sosehr wir uns auch mühen – was ist die schon, gemessen am Einsatz Dutzender, Hunderter, Tausender? Ein Moment der Demut gegenüber dem Team, den wir uns als Führungskräfte hin und wieder mal gönnen sollten. Wir steuern vielleicht die Talente, die Teams und die Potenziale, wir geben der Dampflok einen Schubs und eine Richtung. Aber um die ganze Power eines Unternehmens zu entfesseln, ist die Leidenschaft aller nötig – die Schwungmasse der Gruppendynamik. Das ist das Ziel von Führung. Aber erreichen können wir es nur, wenn wir die Mitarbeiter auch tatsächlich in die Lage versetzen, ihr ganzes Gewicht in die Waagschale zu werfen. Jeder einzelne mit dem, was er am besten kann – und die ganze Mannschaft als kritische Masse, die auf dem Weg in eine gemeinsame Richtung jeden Widerstand niederwalzt. Und das geht nur, wenn wir sie alle freisetzen, sie alle entfesseln, damit sie laufen können.

DER VIELKLANG
DER FREIHEIT

Es ist nicht das Einzige, was mir an diesem Tag in Afrika klar wird. Ich hatte die Herzlichkeit, die Motivation und die Aufopferung der Mitarbeiter unterschätzt. Die steckten ihre ganze Leidenschaft in diese Mission. Dabei kamen viele von ihnen aus ärmsten Verhältnissen. Andere stammten aus reichen Familien und hatten die Leidenschaft gar nicht nötig, sondern einfach Bock drauf, etwas zu bewegen. Hier war alles dabei: dicke Männer, dünne Männer, dicke Frauen, dünne Frauen, oberste Führungsetage bis Housekeeping, Schwarz und Weiß. Wie ich diese Truppe so vor mir sah – und das Bild ist in meiner Erinnerung noch heute lebendig –, gab es zwischen ihnen keine Schranken. Keine Barrieren, die dieser unglaublichen Performance im Weg gestanden hätten. Nicht in diesem Moment. Auf dieser Bühne bildeten sie alle ein einziges überwältigend wirkungsvolles Team.

Und da ging mir ein weiteres Licht auf: Warum klingen die so gut, dass es mich fast aus den Schuhen haut und ich mir die eine oder andere Träne aus dem Augenwinkel wischen muss? *Nicht,* weil sie alle gleich klingen. Sondern weil jeder ein bisschen *anders* klingt.

Ein CHOR
mit nur einer Stimmlage würde
TODLANGWEILIG
klingen.

Das ist Teamwork. Ein starkes Team zeichnet sich eben nicht dadurch aus, dass alle gleich sind und das Gleiche tun. Sondern dadurch, dass jeder seine Rolle genauso ausfüllt, wie *er* es am besten kann. Wenn Sie auf Ihr Team schauen, stellen Sie sich einen Chor vor: Je heterogener das Team, desto besser die Ergebnisse. Je homogener das Team, desto größer die Gefahr, dass Sie stagnieren, und desto austauschbarer das Ergebnis.

Und jetzt frage ich Sie: Woran erkennt man gleich noch mal die Corporate Monkeys?

Sie sehen alle gleich aus. Sie tun alle das Gleiche. Sie haben alle die gleiche Qualifikation. Die gleiche Agenda. Sie küssen alle die gleichen Hintern. Sie wollen alle die gleiche Kokosnuss. Mit so einem Team marschieren Sie nicht in die Zukunft. Mit so einem Team marschieren Sie in die Gleichförmigkeit. Besonders traurig ist es, wenn die Corporate Monkeys gar keine andere Wahl haben, weil sie in die Gleichförmigkeit geführt werden. Das gibt es leider auch.

Wir brauchen keine gleichförmigen Teams. Wir brauchen vielstimmige Chöre. Wo jeder seine eigene Klangfarbe hat: Diversity. Passion und Performance – das ist alles schön und gut. Viel wichtiger ist aber:

Ein
AUSSER-
GEWÖHNLICHES
Unternehmen darf nicht
gewöhnlich
GEFÜHRT
werden.

Und schon gar nicht von gewöhnlichen Corporate Monkeys.

Deshalb brauchen Ihre Mitarbeiter Freiheit. *Als* Team und *innerhalb* ihres Teams. Und das ist eine Frage der Führungskultur. Es gibt Unternehmen, immer mehr davon und manche sogar schon mit langjähriger Tradition, in denen eine solche Führungskultur gelebt wird. Sie stehen wie Monumente der Freiheit inmitten einer Wirtschaftslandschaft, in der immer noch die lautesten Benchmarker den Ton angeben. Dabei sind die Freiheitskämpfer, in Summe betrachtet, keineswegs weniger erfolgreich. Und sie sitzen keineswegs alle im Silicon Valley und machen in virtuellen Geschäften. Sie haben ihren Mitarbeitern, Führungskräften und ihrem Geschäftsmodell Freiheit geschenkt, als man mit dem Wort „Agilität" noch Rennpferde oder Sportwagen beschrieb, nicht Unternehmen.

„ICH BIN KEIN CHEF"

Ein echtes Powerhouse des Freiheitsdenkens mit bemerkenswertem Output ist die Firma Loccioni. Das ist ein hoch spezialisiertes italienisches Unternehmen, das unter anderem Messinstrumente für die Qualitätssicherung entwickelt. Der Gründer und Leader heißt Enrico Loccioni. Das nach ihm benannte Unternehmen hat er 1968 gegründet, als die meisten von uns entweder noch nicht mal geboren waren oder bekifft in der Ecke lagen und von einer neuen Form der Gemeinschaft schwadronierten, während er eine gründete. Heute ist Loccioni im Rentenalter und immer noch CEO. Er kommt aus einer Bauernfamilie, hat die Schule nur bis zur 9. Klasse besucht und war früher Elektriker. Heute führt er 400 Leute, und sein Unternehmen hat inzwischen auch Standorte in Deutschland, China und den USA.

Journalisten haben den außergewöhnlichen Italiener gefragt, was seine Rolle als Chef ist. Die meisten Manager würden auf diese Frage zu einem PC-polierten, möglichst intellektuell klingenden Monolog anheben, der sich letztlich nur um sie selbst dreht, aber nicht um ihr Unternehmen. Nicht so Enrico Loccioni. Seine verblüffende Antwort[31]:

„Ich bin **KEIN CHEF.**
Niemand ist hier Chef. Ich mochte nie
GEHORSAM leisten und will
auch nicht, dass mir jemand Gehorsam leistet."
(Enrico Loccioni)

Da schlucken wir erst mal: Das ist ein Quäntchen mehr Demut, als wir es von erfolgreichen Firmenchefs gewohnt sind. Managementtheoretiker nennen seine Firma eine „kulturelle Zäsur". Wenn man Loccionis eigenen Ausführungen darüber folgt, wie er sein Unternehmen führt, beginnt man zu verstehen, warum. Er hat das getan, was wir alle immer wieder tun sollten: Er hat sich einige Fragen der Führung, die vermeintlich schon lange beantwortet sind und es auch 1968 schon waren, noch einmal ganz neu gestellt.

Loccioni beschreibt den Output seines Unternehmens und damit auch den Handlungsspielraum operativer Führung als Fläche zwischen zwei Linien. Die eine markiert die Herkunft einer Person, die unabänderlich ist und auf die auch Führung keinen Einfluss hat. Die andere Linie ist der Charakter einer Person, den Führung, so Loccioni, ebenfalls nicht verändern kann. Zwischen diesen beiden Linien, zwischen Herkunft und Charakter eines Menschen, eines Mitarbeiters liegt das Projekt. Und das Projekt ist, im Gegensatz zu den beiden Linien, variabel. Darauf haben wir einen Einfluss. Und so funktioniert sein Unternehmen, sagt Loccioni: „Hier richten sich die Personen nicht nach der Arbeit, sondern die Arbeit richtet sich nach den Personen." Das widerspricht erst mal so ziemlich allem, was die Old Economy uns über Führung gelehrt hat: Die Arbeit soll sich nach dem Menschen richten statt umgekehrt? Das Projekt steht und fällt mit Herkunft und Charakter des Teams? Variabel sollen nicht die Mitarbeiter sein, sondern der Auftrag? Wenn Loccioni eine Kreativagentur wäre oder ein Kunstbetrieb, wäre das ja alles noch halbwegs nachvollziehbar – aber ein produzierendes Unternehmen, das mit erbarmungslos auf Präzision getrimmten Technologien für hochgradig durchstrukturierte Großunternehmen arbeitet? Das ist die eine Frage, die sich stellt und die manchem Kritiker einer flexiblen, agilen Arbeitswelt Kopfschmerzen bereiten dürfte. Die andere ist:

Der Mensch im Mittelpunkt und die ARBEIT ALS VERHANDLUNGS- MASSE ... ist das noch Führung?

Warum hat der Mann sich eine Firma aufgebaut, wenn er gar keine Lust darauf hat, sich für alles den Hut aufzusetzen? Darauf hat er eine Antwort, die einmal mehr auf das Prinzip Demut verweist: weil er weder kaufmännischer Experte noch Ingenieur ist. Um weiter zu wachsen und besser zu werden, brauchte er irgendwann aber beides: wirtschaftliche und technische Expertise. Und auf diesen Bedarf, der letztlich den Talentbedarf jedes Unternehmens in allen möglichen Change-Situationen beschreibt, reagierte er mit zwei Maßnahmen:

Das Loccioni-System

Zunächst suchte sich Loccioni talentierte Ingenieure und setzte sein volles Vertrauen in sie. Dabei hielt er nicht nach etablierten Koryphäen Ausschau, deren Innovationskraft in anderen Unternehmenskulturen bereits bis zur Unkenntlichkeit abgeschliffen worden war, sondern nach frischen Absolventen. Das war in den 1980er-Jahren, als überall auf der Welt die Wachstumsmaschine auf Hochtouren lief. Angefangen hat Loccioni als Elektrikerbetrieb. Heute liefert er an Mercedes-Benz, General Motors, Volkswagen, Bosch und viele andere der ganz großen Player. Seine Leute haben einen Roboter entwickelt, der die Weichen im italienischen Eisenbahnnetz kontrolliert. Und eine Maschine für die automatisierte Zubereitung von Medikamenten. Sie wird in Krankenhäusern auf der ganzen Welt eingesetzt. Wie Wachstum funktioniert, muss Enrico Loccioni niemand erklären. Vielmehr können wir uns von ihm erklären lassen, wie man auf diesem Niveau führt, ohne den Grundgedanken der Freiheit zu verlieren, den sich vermeintlich nur ein kleiner Familienbetrieb leisten kann – und das alles ohne Gehorsam. Die Journalisten haben Loccioni eine spannende Frage gestellt, die gleichermaßen auf Teamwork und Innovationskraft abhebt: Woher kommt dieser Erfindergeist? Seine Antwort: „Von den unterschiedlichen Leuten hier, die alle machen, was ihnen Spaß macht."[32] Aha, Loccioni führt also ein heterogenes Team. Und an dieser Stelle wird es praktisch, denn hier fragen wir uns alle: Wie soll man so einen Haufen denn führen, geschweige denn die Projekte nach ihm ausrichten? Loccioni macht es so:

Die Loccioni-Strategie

Wenn Ihnen das irgendwie zu sehr nach Mitarbeiterparadies klingt: Loccioni ist trotz allem der unbestrittene Patriarch. Dieses Unternehmen ist durchaus leader-geführt. Aber der Umgang miteinander ist weitestgehend hierarchiefrei. Bei Loccioni gibt es auch kein Organigramm und keinen Fünf-Jahres-Plan. Tatsächlich funktioniert die Projektarbeit dort genauso, wie der Chef es mit seinem Zwei-Linien-Modell beschrieben hat: Jeder sucht sich das Projekt aus, an dem er mitarbeiten will.

Wie kann das funktionieren?

BE OBSESSIVE, LEADER!

An dieser Stelle kommen die Bedeutung der Leader-Persönlichkeit und die zentrale Aufgabe der Führung voll zum Tragen, wie ich sie schon in Kapitel 1 dieses Buches beschrieben habe: eine Inspiration sein. Loccioni lebt seinen Leuten eine Eigenschaft vor, die es möglich macht. Er nennt sie „eine auf den Erfolg gerichtete Sturheit".[33]

Die findet sich bei außergewöhnlichen Leadern oft. Richard Branson, Steve Jobs, Elon Musk, aber auch die alten deutschen Industriepioniere wie Carl Benz oder Werner von Siemens bis hin zu Männern und Frauen wie Mark Zuckerberg oder Marissa Mayer: Sturköpfe. Diese Menschen sind obsessiv. Und ziehen damit automatisch Mitarbeiter heran, die es auch sind. Ich glaube, dass das der Schlüssel zu ihrem Erfolg ist. Er begründet die besondere Ausstrahlung, die diese Menschen auf ihre Mitarbeiter haben. Eine obsessive Persönlichkeit kann ein ganzes Team, ein ganzes Unternehmen mit sich reißen. Vorausgesetzt, es ist mit Talenten besetzt, die etwas bewegen wollen – und nicht nur nach der Kokosnuss schielen. *Be obsessive, Leader!*

Wenn Sie glauben, dass Loccioni ein extremes Beispiel für Teamwork sei, dann setze ich gleich noch einen drauf. Sie kennen Haier, den Weltmarktführer für Haushaltsgeräte. Haier ist heute ein weltumspannendes Imperium aus China und einer der Gründe, warum westliche Konzerne immer öfter kalte Füße bekommen, wenn sie nur „China" hören.

Kein Wunder, denken Sie, mit sozialistischen Methoden! Das dachte ich auch. Puste-kuchen. Es ist ganz anders. Haier ist deshalb so erfolgreich, weil es von einem Verrück-ten geführt wird. Selbst aus einer westlichen Führungsperspektive heraus betrachtet ist er ungefähr so chinesisch wie meine Großmutter.

Der Chairman von Haier heißt Zhang Ruimin. Auch er ist, wie Enrico Loccioni, das Gegenteil eines Corporate Monkey. Und auch er führt kein virtuelles Unternehmen, das außer kreativen Ideen nichts zu produzieren hätte, sondern ein gigantisches Impe-rium der produzierenden Industrie mit mehr als 70 000 Mitarbeitern. Als chinesischer Arbeitersohn hat er nicht studiert. Als er den Laden 1984 übernahm, der damals nach seinem Herkunftsort noch Qingdao hieß und ausschließlich Kühlschränke produzierte, hatte er keine Führungserfahrung. Was er hatte, waren radikale Ideen. Als erste Amts-handlung ließ Ruimin seine Mitarbeiter die Produktion von drei Tagen lustvoll mit ei-nem Vorschlaghammer demolieren. Begründung: schlechte Qualität. Das war damals. Jetzt sind 32 Milliarden Umsatz. Gewinn: 2,4 Milliarden. Und außerhalb Asiens fängt Haier gerade erst richtig an. Für die Zukunft hat dieser Verrückte ein irres Leader-ship-Prinzip parat. Das passt gar nicht zur chinesischen Wirtschaft, wie wir sie kennen.

Das Haier-System

- eigenständiges Denken
- Kreativität
- Freiheit

Alles schön und gut, solange es als Stichpunktliste in einer Hochglanzfirmenbroschüre steht und sich niemand daran halten muss. Doch Ruimin hat seinem Unternehmen dieses Zukunftprogramm als operativen Plan verordnet und eine konkrete Strategie ausgegeben, die gewaltig an die Agilitätsfantasien der Silicon-Valley-Enthusiasten erin-nert – übertragen auf die Realität eines ganz anderen Branchenkontexts: Ruimins Plan sieht vor, das Unternehmen in Einheiten aufzuspalten, die sich selbst steuern. Diese Einheiten sind für Gewinn und Verlust selbst verantwortlich. Sie funktionieren wie Start-up-Inkubatoren. Die Mitarbeiter hören nicht auf Chefs, sondern auf die Kun-den. Und wer eine Innovation aus dem Ärmel zieht, kann schnell aufsteigen und eine Firma in der Firma gründen.

Den Schlüssel, damit diese ambitionierte Zukunftsplanung aufgeht, sieht Ruimin in der Personalführung – denn hier wird ihm zufolge der Grundstein dafür gelegt, wie wir in Zukunft zusammenarbeiten: „Die traditionelle Personalführung beinhaltet vier Schritte: Leute auswählen, trainieren und fördern, einsetzen und schließlich halten. Heute funktioniert das anders. Unsere Mitarbeiter der Zukunft arbeiten mit uns auf Vertragsbasis. In Zukunft gibt es nur noch Plattforminhaber, Unternehmer und Mikrounternehmer. Unsere fünf Forschungszentren weltweit funktionieren heute schon wie Plattformen, auf denen Unternehmer zusammenarbeiten."[34]

Nichts weniger als eine Revolution. Bei Haier hat sie bereits begonnen. Der Chef ist mit dieser Vision ganz auf der Linie der Zukunftsforscher und ihrer Entwürfe von Arbeitsmodellen in digitalisierten Unternehmen.

„Die Firma der Zukunft hat keine Angestellten mehr."

DIE TEAMS DER ZUKUNFT

Wir können nicht früh genug damit beginnen, die Art, wie wir zusammenarbeiten, für diese Zukunft aufzustellen. Nicht alles, was heute prognostiziert wird, muss genau so eintreffen. Doch der Trend zu flexiblen Einheiten in agilen Unternehmen, die untereinander vernetzt, aber nicht mehr durch einheitliche Prozessketten mit ihren Weisungsschemata hierarchisch miteinander verkettet sind, hat sich längst den Weg in die Realität gebahnt. Nicht nur im Silicon Valley, wie die Beispiele Haier und Loccioni zeigen. Auch in Zukunft wird es Teams geben, die anhand klassischer Planung klassische Arbeitsschritte durchlaufen. Etwa in der Fertigung ist das unabdingbar, selbst wenn Roboter einen großen Teil der Arbeit übernehmen. Doch da, wo der Erfolg zukünftiger Geschäftsmodelle gemacht wird, überall da, wo entwickelt und anderweitig kreativ gearbeitet wird, sind neue Formen der Zusammenarbeit längst im Entstehen.

Wir müssen nicht alle unsere Unternehmen in selbststeuernde Einheiten aufspalten. Jedenfalls noch nicht. Können wir aber, soweit die Realität der Unternehmensprozesse das an diesem Punkt zulässt. In jedem Fall würden wir einen Fehler machen, wenn wir die Pionierarbeit der Giganten und Vordenker nicht ernst nehmen: In Zukunft gleichen unsere Unternehmen nicht mehr Armeen, in denen eine Kaste von niederen Dienstgraden die Befehle einer Kaste von Offizieren ausführt, sondern Inkubatoren, in denen lauter Mikro-Unternehmer Anteil am Geschäftsmodell nehmen und oft auch tatsächlich Anteile am Geschäft haben. Haier beteiligt seine Mikro-Unternehmer am Erfolg, stellt sie mit ihren Teams sogar frei, wenn sie innovative Ideen haben. Sie führen ihre eigenen kleinen Teams, überschaubare Einheiten, in denen letztlich jedem eine zentrale Rolle zukommt, die persönlich auf ihn zugeschnitten ist. In einem solchen Team ist essenziell, was starke Leader in ihren Teams schon immer fördern: Jeder kann seine Stärken individuell ausspielen. Und das wird nichts, wenn alle nach der gleichen Pfeife tanzen.

Laut Meredith Belbin, einer weltweit anerkannten Teamwork-Forscherin, gibt es neun Teamrollen: Neuerer/Erfinder, Wegbereiter/Weichensteller, Koordinator, Macher, Beobachter, Teamarbeiter, Umsetzer, Perfektionist, Spezialist. Diese Aufstellung der Rollen, die Mitarbeiter in Teams einnehmen, wurde aus der Arbeitsrealität der Old Economy erschaffen – und doch scheint sie für die Zukunft der Arbeit in agilen Unternehmen wie geschaffen. Die Bezeichnung der Rollen zeigt bereits an, dass es beim Teamwork nicht um Weisung, Ausführung und Kontrolle geht, sondern um ein soziales Geflecht, das gerade auf der Unterschiedlichkeit von Talenten und Persönlichkeitsmerkmalen aufbaut. In der Liste der neun Rollen steht nichts von Buchhalter oder Ingenieur, Boss und Assistent. Die neun Rollen sind eben das: soziale Rollen, die sich auf individuelle Eigenschaften beziehen. Auf Persönlichkeiten.

Das ist die Realität der Teamarbeit – nicht erst morgen, sondern schon heute. Nur die Art, wie wir unsere Teams führen, nimmt darauf in der Regel noch viel zu wenig Rücksicht. Denn worauf bezieht sich Führung meistens? Benchmarks, Prozesse, Planvorgaben. All das lässt Persönlichkeiten keinen Spielraum. Und damit auch nicht: der Innovationskraft, die sie entfesseln können. Warum fördern die Pioniere denn die neue Art des Zusammenarbeitens, die Agilität, die individuellen Talente? Weil wir nur noch Erfolg haben können, wenn wir kreativ sind und auf Ideen kommen, auf die kein anderer kommt und die kein anderer so umsetzen kann.

Ich gebe Ihnen ein Beispiel aus meinen Hotels: Die wichtigste Eigenschaft, die ich bei meinen Mitarbeitern sehen will, ist Herzlichkeit. Ich glaube, dass das die Grundvoraussetzung für Service-Excellence ist. Herzlichkeit – das heißt nicht einfach Dauerlächeln, sondern eben: mit dem Herzen dabei sein, beim Kunden sein, ihn von Herzen begeistern wollen. Das Ergebnis ist ein hochgradig individueller, persönlicher Service. Der entsteht nicht durch einen vorgegebenen Prozess, sondern auf der Makroebene der einzelnen Begegnung. Kann ich diese Herzlichkeit mit Benchmarks, Prozessen und Strategien erreichen? Nein. Aber ich kann sehr wohl durch Führungsmaßnahmen die Voraussetzungen dafür schaffen: indem ich Teams bilde, die so gut funktionieren, dass meine Mitarbeiter *Spielraum* für Herzlichkeit haben. Ich kann dafür sorgen, dass sie genügend Freiraum haben, um obsessiv zu sein und erfinderisch. Egal wie, egal wodurch, egal was es braucht.

FREUNDLICHKEIT
kann ich kaufen –
HERZLICHKEIT
nicht.

Dafür kann ich als Leader den Rahmen setzen. Umsetzen können das nur meine Mitarbeiter am Gast. Da kann ich führen, wie ich will – wenn die als Team nicht funktionieren, bekommen meine Gäste keinen herzlichen Service. Wenn die Rollen aber richtig verteilt sind und der Rahmen stimmt, kann jeder im konstruktivsten Sinne einfach sein Ding machen. Weil er sich darauf verlassen kann, dass sein Kollege auch sein Ding macht. Und umgekehrt. Dieses Prinzip ist keineswegs auf den Service beschränkt. Das gilt für jedes Team: In jeder Kooperation muss der Einzelne genügend Freiheiten haben, um seine Talente auszuspielen. Deshalb geht Zhang Ruimin schon heute so weit, ganze Teams aus dem Kerngeschäft auszugliedern, damit sie unbelastet ihr Ding machen können.

Neben der Inspiration ist die zweite wichtige Aufgabe von Leadership: die FREIHEITEN FÜR EXCELLENCE zu schaffen.

Loccioni und Ruimin machen das. Beide spielen in der Champions League. Wenn Sie glauben, es sei ein Zufall, dass die Spinner am erfolgreichsten sind, dann überlegen Sie noch einmal. Diese Pioniere führen hochprofessionelle Unternehmen, die unter einem Riesendruck stehen. Das ist ja die beliebteste Ausrede bei der Einführung neuer Führungsmodelle: Für so was haben wir keine Zeit, wir müssen Aufträge erfüllen und Umsatzziele erreichen. Müssen diese beiden auch und all die anderen erfolgreichen Beispiele ebenso. Doch sie reagieren darauf nicht, indem sie den Druck nach unten weitergeben und das bestehende System immer weiter belasten, bis es explodiert. Sie tun genau das Gegenteil. Sie schaffen Freiräume.

Es gibt keinen besseren Grund, warum es sich lohnt, die Form der Zusammenarbeit in unseren Unternehmen zu überdenken: Je weiter der Innovationsdruck wächst, je mehr Branchen durch die Digitalisierung runderneuert werden, desto mehr geraten unsere Teams, Abteilungen und jeder Einzelne unter Druck. Wer mit einer überbordenden, überflüssigen Prozessflut überlastet ist, die nicht auf das Kernziel der Kundenbegeisterung einzahlt, hat keine Kapazitäten für Kreativität und Zukunftsaufgaben.

Vielleicht habe ich Sie an diesem Punkt so weit, dass Sie sich fragen: Aber welche Freiheiten brauchen meine Mitarbeiter denn? Die Antwort ist ganz simpel: Das können Sie nur rausfinden, wenn Sie in Ihrem Unternehmen unterwegs sind und reden. So einfach, so einleuchtend, oder? Genauso umreißt Enrico Loccioni übrigens seine Job Description:[35]

„Ich rede mit den Leuten und
SAMMLE GEDANKEN."

Das ist seine Definition von Leadership – angelehnt an das Modell des *Management by Wandering Around*. Erfunden wurde es der Überlieferung zufolge von Taiichi Ohno, dem Gründer von Toyota. Ken Blanchard *(The One-Minute Manager),* Tom Peters *(In Search of Excellence)* und andere machten es in den 1980er-Jahren einem breiten Publikum bekannt. Die Idee: Die Mitarbeiter wissen am besten, was sie brauchen und wie sie ihren Job am besten machen. Was Sie als Leader brauchen, um das herauszufinden, ist Empathie. Und keine Esoterik – Sie müssen nicht mit einem Wunderheiler durch die Abteilung laufen und die Chakren der Mitarbeiter auf mentale Knoten abklopfen. Es geht nicht um Wohlfühlrhetorik, es geht um ganz handfeste Handlungsspielräume. Was Mitarbeiter bewegt und bedrückt, ist in der Regel genau das, was sie in ihrer Arbeit ausbremst. Ihnen fehlt die Freiheit für Excellence – die Freiheit, etwas anders und besser zu machen.

Talente miteinander kreativ sein lassen – das ist der Schlüssel.

Und die Führung, die diese Blockaden aus dem Weg zu räumen hätte, ist genauso blockiert. Darum sind so viele Führungskräfte ausgebrannt, darum leiden sie vor sich hin, darum haben sie keine Kapazitäten für disruptive Maßnahmen. Ein Abteilungsleiter, der vielleicht für 30 oder mehr Mitarbeiter die operative und verdammt noch mal auch die menschliche Verantwortung trägt, was macht der denn die meiste Zeit über? In vielen Unternehmen verbringt er locker die Hälfte davon in Meetings und ähnlichen Arbeitsbeschaffungsmaßnahmen, als ob er nichts Besseres zu tun hätte. Mit anderen Worten: Er muss seine eigentliche Führungsarbeit mit maximal den Kapazitäten einer

Halbtagskraft erledigen oder eben bis zur Erschöpfung im Büro bleiben. Oft sieht er keine andere Möglichkeit, als den Druck nach unten durchzureichen, damit Mitarbeiter seine Aufgaben mit erledigen – die eigentlich auch etwas anderes zu tun hätten. Und dann wundern wir uns über innere Kündigung, Abwanderung und Innovationsmangel. Wie soll das funktionieren? Wann soll diese Führungskraft kreativ sein, wann ihren Mitarbeitern zuhören?

Die Voraussetzung für funktionierende Zusammenarbeit ist, dass wir Kapazitäten für Führung haben.

Führungskräfte sehnen sich nach der
FREIHEIT ZU FÜHREN.

Die zentralen Aufgaben einer Führungskraft, die ein schlagkräftiges, innovatives Team leitet, sind sozialer Natur. Denn das ist die *Rolle* der Führungskraft:

Rollenverständnis einer empathischen Führungskraft

- die Bereitschaft, zuzuhören
- das Interesse, Gedanken zu sammeln
- der Mut, Freiräume zu schaffen

Warum aber sollten Sie mitmachen bei dieser Revolution der Teamführung? Warum um alles in der Welt sollten Sie in die verrückte Idee investieren, dass die Rolle einer Führungskraft nicht durch Kontrolle, sondern durch Empathie geprägt sein könnte? Weil es funktioniert.

„Diejenigen, die verrückt genug sind zu denken, dass sie die Welt ändern könnten, werden diejenigen sein, die es tatsächlich tun." (Steve Jobs)

VERRÜCKTE TEAMS BRINGEN EXZELLENTE ERGEBNISSE

In starken Teams darf es also durchaus ein bisschen verrückt zugehen. Meine Erfahrung hat mich gelehrt: Wenn das Teamwork mal seltsame Blüten treibt, ist das eher ein gutes Zeichen. Ich erzähle Ihnen eine Geschichte über ein High-Potential-Team, die ich selbst erlebt habe. Und ich warne Sie vor: Sie ist nichts für schwache Nerven, und ich empfehle sie auch nicht zur Nachahmung. Es geht mir darum zu zeigen, dass besondere Teams Besonderes leisten können. Ich möchte Sie animieren, neu darüber nachzudenken, welche Mitarbeiter und welche Teams Sie wirklich weiterbringen: die aus der Backschablone des Monkey Business oder die Obsessiven, manchmal auch ein bisschen Verrückten, deren Feuer bis in die hintersten Winkel Ihres Unternehmens lodert.

Waren Sie schon mal in einer großen Hotelküche? Auch wenn Sie diese spannende Erfahrung noch nicht gemacht haben, werden Sie mir wohl ohne Zögern zustimmen, wenn ich sage, dass das Produktivitätsmaschinen auf höchstem Niveau sind. In den besten Hotels ist die Küche aber gleichzeitig ein kreatives Epizentrum, wo ständig das Rad neu erfunden wird, um mit dem hohen Niveau und der Schlagzahl der Top-Gastronomie dauerhaft mitzuhalten. Höchstleistung und Kreativität: Bei dieser Kombination läuft jedem Unternehmer das Wasser im Munde zusammen. Wie machen die Spitzenköche das bloß? Und ich spreche hier nicht von 08/15-Küchen. Ich spreche von der Champions League. 08/15-Leadership funktioniert in diesen Umgebungen nicht. Die Teams in der Spitzengastronomie sind keine normalen Teams. Aber Sie wollen ja schließlich auch keine „normalen" Ergebnisse, oder?

Ich liebe Hotelküchen. In fast jedem Hotel, in dem ich bisher gearbeitet habe, war die Küche mein liebster Rückzugsort. Nicht nur, weil es da unglaublich köstliche Kreationen zu verkosten gibt und der Chef das angenehme Privileg genießt, zugreifen zu dürfen. Sondern wegen der Atmosphäre und der Leute. Hochklassige Küchen gehören zu den letzten verlässlichen Orten auf dieser Welt. Da herrscht eine ungeheure Disziplin. Jeder hat seinen Platz. Jeder weiß genau, was er zu tun hat. Jeder kann jeden Handgriff mit schlafwandlerischer Sicherheit ausführen. Das klingt erst einmal sklavisch, aber in diesen Küchen arbeiten eben keine Lemminge. Da stehen lauter Künstler an den Töpfen. Künstler mit einem eigenen Kopf und einer eigenen Agenda. Der Grund, warum das trotzdem funktioniert, auch wenn ein Dutzend dieser Menschen aufeinandertrifft, ist: Sie haben alle einen unverrückbaren gemeinsamen Nenner: Sie sind gnadenlos auf Excellence programmiert. Ihnen ist nur das beste Ergebnis gut genug, und sie wollen ohne Wenn und Aber die Besten sein.

Spitzenköche müssen auch physisch, vor allem aber mental Höchstleistungen vollbringen. Sie müssen extrem intelligent mit Ressourcen umgehen, und das unter anhaltend brutalem Stress. Dabei müssen sie oft Wochen oder Monate im Voraus disponieren können. Bei den Ansprüchen, die an Spitzenköche heute gestellt werden, müssen sie außerdem extreme handwerkliche Risiken eingehen. Diese Leute stehen jeden Tag neu auf der Probe. Sterne-Küchenchefs müssen kreative Genies sein, hochgradig inspirativ – und gleichzeitig total effiziente Leader. Diese Leute sind Handwerksmeister, Ausnahmekünstler und Top-Manager in einer Person. Das können nur die wenigsten wirklich gut. Das können nur Menschen mit einem außergewöhnlichen Talent, einer unerschöpflichen Energie und einem enormen Selbstvertrauen.

Und deshalb sind Spitzenköche fast immer krasse Typen – und krasse Leader. Und da diejenigen, die mit ihnen arbeiten, ihnen nacheifern, sie zufriedenstellen müssen und denselben Anspruch haben, sind sie meist ebenfalls krasse Typen.

Sie können sich unschwer vorstellen: Die ganze Energie, die in so einer Küche kursiert, braucht Ventile. Ein High-Performer muss ab und zu auch mal Dampf ablassen.

In so einer Küche wurde ich einmal Zeuge eines ganz speziellen Teambuilding-Rituals. Quentin Tarantino hätte das nicht besser inszenieren können. Ich bin gerade in der Küche, um die Menüfolge für eine Veranstaltung zu besprechen. Es ist spätabends, das Tagesgeschäft ist durch. Die Küchencrew arbeitet trotzdem noch auf Hochtouren, denn die nächsten Spitzenleistungen wollen vorbereitet und wilde Experimente durchgeführt werden. Und wie ich da so mit dem Küchenchef sitze, höre ich plötzlich ein komisches Geräusch. Zuerst bin ich mir nicht sicher, ob ich mich vielleicht verhört habe: Es ist ja laut in so einer Küche. Töpfe und Pfannen scheppern, Anweisungen werden gebrüllt, irgendwo wird mit einem veritablen Mordinstrument auf wehrlose Lebensmittel eingehackt, es zischt und pfeift. Als ich die Ohren spitze, höre ich es dennoch klar und deutlich: ein leises Wimmern. Wie das Wimmern eines Hundes, den jemand zurückgelassen hat.

Ich denke an alles Mögliche: Ein Angestellter hat sich verletzt. Der Schlachter hat ein Tier nicht richtig erwischt. Der Küchenchef hat jemanden rausgeschmissen, und der hockt in der Ecke und heult. Wäre nicht das erste Mal, dass ich das erlebe.

Natürlich frage ich den Küchenchef: „Was ist das, Charly? Hörst du das nicht?" Aber der wiegelt nur ab: „Nee, nee, Carsten, alles bestens hier."

Ich traue dem Frieden nicht. Also stehe ich auf und fange an, die Küche abzusuchen. Zunächst finde ich nichts. Keine blutenden Mitarbeiter, keine Gekündigten. Als ich in der hintersten Ecke ankomme, wird das Wimmern lauter, aber ich sehe immer noch nichts. Merkwürdig – in dieser Ecke ist eigentlich nur die Tür zum Kühlraum. Mir wird mulmig, und seltsame Bilder geistern mir durch den Kopf – allerdings nicht annähernd so seltsam wie das, was ich gleich sehen werde. Ich gehe auf den Kühlraum zu – ja, es wird lauter. Na dann. Ich atme noch einmal durch – und reiße mit einem Ruck die Tür auf.

Erst einmal sehe ich gar nichts, den mir strömen Nebelschwaden entgegen: Die Kälte des Kühlraums trifft auf die Hitze der Küche. Das Wimmern hört schlagartig auf. Dann lichtet sich der Vorhang langsam. Ich blicke in den Nebel und blinzle. Und dann denke ich, ich halluziniere.

Mitten zwischen Schweinehälften und Rinderbeinen baumelt – der Sous-Chef. Ein Brocken von einem Kerl, über zwei Meter groß, muskulös, großflächig tätowiert. Alles, was er anhat, ist ein Harnisch aus Leder und Nieten. In diesem knappen Kostüm hängt er an einem Fleischerhaken von der Decke. Seine Hände sind über dem Kopf mit Handschellen gefesselt und ebenfalls eingehakt. Er ist gefangen und dem Anschein nach schon ganz gut abgehangen. Als er mich durch den Nebel erblickt und erkennt, nimmt sein Gesicht trotzdem eine sehr gesunde Farbe an, die den rohen Rinderhälften ähnelt, zwischen denen er baumelt.

Der Küchenchef hat sich inzwischen zu mir gesellt und blickt amüsiert zwischen mir und dem eingekerkerten Koch hin und her. Als ich mich so weit gefangen habe, dass ich wieder sprechen kann, sage ich zu ihm: „Charly, was ist das denn bitte?"

Doch Charly bleibt völlig ungerührt und sagt nur: „Der Sous-Chef, Carsten. Du kennst doch Christian?" Und Christian, allen Ernstes, lächelt mich an und nickt. Spätestens jetzt habe ich das Gefühl, ich bin in einer grotesken Filmszene gelandet.

„Danke, Charly", sage ich so gelassen wie möglich, „das sehe ich auch. Was ich nicht verstehe, ist: Warum hängt der Sous-Chef an einem Fleischerhaken im Kühlraum?"

„Mach dir mal keine Sorgen, Carsten: Der will das so. Der Kerl braucht das."

„Und woher weißt du das? Wer hat ihn denn da aufgehängt?"

„Das war ich. Er hat darum gebettelt, wie immer. Das motiviert ihn."

Langsam fällt bei mir der Groschen: Der Sous-Chef ist nicht als Hauptgang vorgesehen. Hier wird ein ganz anderes Spiel gespielt. „Ach so, das motiviert ihn", erwidere ich. „Und wie lange hängt er schon da?"

Wieder grinst der Küchenchef und antwortet knapp und bestimmt: „Nicht lange genug." Dann greift er nach der Tür zum Kühlraum und knallt sie ohne einen weiteren Blick auf Christian wieder zu. Und setzt in unserem Gespräch einfach wieder da an, wo wir aufgehört haben – bei der Vorspeise. Um uns herum geht die restliche Küchencrew unverzagt ihrer Arbeit nach. Keiner würdigt das Geschehen auch nur eines Blickes. Offensichtlich hängt Christian nicht zum ersten Mal im Kühlraum.

Ich habe an diesem Abend lange darüber nachgedacht, was ich da gesehen hatte. Kein

Wunder – bekommen Sie dieses Bild mal aus dem Kopf. Ich habe es bis heute nicht vergessen. Wissen Sie, zu welchem Schluss ich gekommen bin? Nein, ich habe keinen von beiden gefeuert. Ich habe auch keine S/M-Spielchen im Kühlraum verboten. Diese Küchencrew war eine der besten, die mir je untergekommen sind. Das kleine Meister-und-Sklaven-Spielchen war offensichtlich Bestandteil der Motivationsroutine. Anderswo werden Feedbackrunden oder Gruppengespräche veranstaltet oder Buchstaben auf Wölkchen an Wände gepinnt und die Umsatzziele begleitet von indianischen Gesängen getanzt. In dieser Küche wurde der Mitarbeiter eben abends in den Kühlraum gehängt.

Damals waren solche Entgleisungen gegen die „guten Sitten" noch möglich. Da konnten verrückte Genies noch ungestört verrückt sein, ohne dass gleich alle Welt davon erfuhr und sich dafür interessierte. Manchmal vermisse ich diese Zeiten. Haben die Marotten der Staatsmänner, Promis und Manager früherer Tage und deren kleine Exzesse, die mit ihren Aufgaben rein gar nichts zu tun hatten, sie zu schlechteren Regierungschefs oder Managern gemacht? Natürlich nicht. Heute ist das undenkbar, denn heute gibt sich jeder stromlinienförmig, der unter öffentlicher Beobachtung steht – seit Köche beobachtet werden wie Popstars und seit Political Correctness ein Vorstandsressort ist. Natürlich war die S/M-Küche ein Extremfall. Aber diese Jungs produzierten Ergebnisse, die die Kritiker ins Schwärmen brachten, und die Gäste noch mehr. Wenn das die Freiheit war, die sie dafür brauchten – bitte schön!

Die Moral von der Geschichte ist aber eine andere: In den außergewöhnlichen Küchen dieser Welt arbeiten lauter Irre. Um es netter auszudrücken: obsessive Menschen.

Ich glaube, dass das nicht nur in den besten Küchen der Welt so ist, sondern in vielen der besten Unternehmen. Ich habe es in den besten Hotels und Küchen dieser Welt immer wieder beobachtet, und ich erkenne heute oft eine Parallele, wenn ich mit den besten Unternehmern ihrer Branche arbeite oder Zeit verbringe: Viele starke Leader sind so.

Starke Leader sind OBSESSIVE Menschen, die mit obsessiven TEAMS arbeiten.

Schauen Sie sich Steve Jobs an oder Richard Branson. Oder Elon Musk, den Star-Investor von Tesla. Doch so weit müssen wir gar nicht ausholen: Meine Freunde André Lüthi, der Richard Branson der Schweiz, oder Karl Kistler, der „Edelweiss Air" zu einer Erfolgsgeschichte gemacht hat. Auf ihre Art alles Verrückte! Das ist doch kein Zufall! Über all diese Unternehmen und ihre Unternehmer erzählen die Zahlen nur die halbe Erfolgsgeschichte. Was dahintersteckt, was diese Menschen dahin gebracht hat, das ist keine betriebswirtschaftliche Nenngröße – das ist eine Haltung. Die sind so erfolgreich, weil sie keine Schranken im Kopf haben. Und ihren Mitarbeitern keine setzen, jedenfalls nicht an den falschen Stellen.

Die großen Unternehmer und die großen Teams der Geschichte und der Gegenwart sind FREI UND DESHALB ERFOLGREICH. Nicht umgekehrt!

Die S/M-Küche hat sich wenig später übrigens einen Michelin-Stern erkocht und dann einen zweiten. Das schafft auch der genialste Küchenchef nicht allein. Individualisten sind eben die besseren Teamworker. Wenn sie die nötigen Freiheiten haben.

WIE TEAMS MIT FREIHEIT UMGEHEN

Sie denken jetzt vielleicht: Alles schön und gut, aber ich bin nicht Richard Branson. Unser Unternehmen hat keinen Kühlraum. Und ich führe auch keine obsessiven Irren, die ich abends dort aufhängen und später fertig motiviert wieder vom Haken lassen könnte. Ich führe ein solides Unternehmen nach ökonomischen Maßgaben und muss Zahlen vorweisen, und übrigens möchte ich nicht wegen sexueller Belästigung und Nötigung verklagt werden.

Natürlich wollen Sie das nicht. Ich auch nicht. Meines Wissens wurde auch in keinem anderen meiner Hotels und Unternehmen jemals wieder jemand halb nackt an einem Haken an die Decke gehängt, jedenfalls nicht in meinem Team. Was die Gäste hinter verschlossenen Türen so treiben, dafür kann ich die Hand nicht ins Feuer legen. Es geht mir nicht um die konkrete Maßnahme, es geht mir um diese Haltung: dass obsessive Leader mit ihren obsessiven Teams frei sind, obsessiv zu sein. Und auf dieser Ebene lasse ich den Einwand, den ich am häufigsten zu hören bekomme, eben nicht gelten: „Mit so viel Freiheit können meine Mitarbeiter doch gar nicht umgehen."

Da kann ich Ihnen nämlich qualifiziert widersprechen. Weil wir das so oft gehört haben, zum Beispiel von einem unserer Beratungskunden bei RichtigRichtig.com – Managementberatung für Kundenbegeisterung –, haben wir das für ihn untersucht. Wir haben zwei Gruppen von Mitarbeitern unabhängig voneinander arbeiten lassen und den Vergleich gemacht – in einem ganz realistischen, alltäglichen Umfeld. Dieser Kunde hatte zwei Callcenter. Das ist eine hochgradig standardisierte Arbeit, in der es auf der Ergebnisebene dennoch auf den einzelnen Menschen ankommt: Er oder sie spricht am Telefon mit den Kunden, er oder sie entscheidet über Begeisterung oder Enttäuschung. Für unser Experiment ließen wir dem einen Team maximale Freiheit, während das andere mit den üblichen Barrieren arbeiten musste. In einem der Callcenter bekamen die Mitarbeiter wie üblich ein Zeitlimit für ihre Gespräche mit den Kunden. Im anderen nicht – dort konnten die Mitarbeiter mit jedem einzelnen Kontakt so lange sprechen, wie sie es für angemessen hielten, um das gewünschte Ergebnis zu erzielen. Und jetzt raten Sie mal, wer unterm Strich effektiver war! Nicht effizienter – effektiver! Die Mitarbeiter ohne Zeitlimit. Sie brachten am Ende des Tages im Schnitt das bessere Ergebnis.

Dabei haben wir nur einen ganz kleinen Dreh an einer operativen Schraube vorgenommen. Keine S/M-Spielchen, keine grundlegende Neuausrichtung der Service-Philosophie (die kam später), kein Mehraufwand für die Führung. Nur ein kleiner Dreh am Freiheitsregler, ganz praktisch und umsetzungsfreundlich, und die Maßnahme griff sofort. Was ist dann erst möglich, wenn Freiheit zur grundlegenden Führungshaltung in Ihrem Unternehmen wird? Wenn Ihr Team genau die Freiheiten bekommt, die es braucht?

Mitarbeiter können sehr gut mit Freiheiten umgehen. Die guten jedenfalls. Die Corporate Monkeys eher nicht. Die wollen keine Freiheiten, sondern ein System von Abhängigkeiten, die sie nutzen können.

Wenn Sie das richtige TEAM haben, wird es mit den richtigen Freiheiten erst richtig AUFBLÜHEN.

Solange Teamwork auf Abhängigkeiten und starre Prozesse setzt, bleiben die größten Potenziale der Talente in Ihrem Unternehmen ungenutzt liegen. Das gilt nicht nur für obsessive High Performer, obwohl Sie so viele davon um sich scharen sollten, wie Sie können. Das gilt für alle intrinsisch motivierten Mitarbeiter. Für alle außer den Corporate Monkeys. Menschen mit einer „auf den Erfolg gerichteten Sturheit" und der entsprechenden Fokussierung können sehr gut zusammenarbeiten – solange sie dabei die Möglichkeit haben, ihre individuellen Stärken auszuleben.

TEAMWORK IM AGILEN ZEITALTER

Die Arbeitswelt der Zukunft, wie die Pioniere unter den Unternehmern sie bereits vorleben und die Experten sie prognostizieren, spielt dieser Art zusammenzuarbeiten in die Karten: gnadenlos auf die Ergebnisqualität fokussiert und maximal frei in der Ausführung, also der Gestaltung der gemeinsamen Arbeitsweise. Die Zukunft ist bereit für Teams, die manch einer als verrückt bezeichnen würde – und ebnet den Weg für die Art von Führung, die diesen Teams den nötigen Freiraum gibt. Die Schablone für all das ist die Software-Branche oder genauer gesagt das Silicon Valley. Das ist Fluch und Segen zugleich. Einerseits lassen sich natürlich nicht alle Prinzipien dieser Branche auf alle anderen Branchen übertragen – und damit auch nicht auf jede Führungsaufgabe. Andererseits ist die Art und Weise, wie bestimmte Führungsaufgaben in diesen Unternehmen gelöst werden, durchaus adaptierbar. Digitaler werden unsere Unternehmen und Arbeitsplätze ohnehin, in jeder Branche. Und mit der fortschreitenden Digitalisierung wächst auch die Affinität zu agilen Lösungen sowohl in der Organisationsstruktur also auch in der Art, wie in diesen Organisationen geführt wird.

Wie die Karriere-Expertin Svenja Hofert hervorhebt, hat das agile Teamwork mehrere Vorteile gegenüber den klassischen Formen der Zusammenarbeit, die branchenübergreifend relevant dafür sind, wie wir unsere Teams in Zukunft führen.[36]

- Der erste und wesentliche Erfolgsfaktor des agilen Teamworks wurde in diesem Buch schon als wichtiger Eckpunkt der Führungskommunikation behandelt: In agilen Teams herrschen hohe Fehlertoleranz und Gedankenfreiheit. Mitarbeiter, die keine Verantwortung tragen, können keine Fehler machen – und Mitarbeiter, die keine Fehler machen, können sich nicht weiterentwickeln. Werden Fehler dagegen offen thematisiert, stärkt das den Umgang mit Fehlern beim Einzelnen und den Lerneffekt im Team. Jeder Fehler muss nur einmal gemacht werden – und das Learning geht oft weit über den Einzelfall hinaus. In agilen Teams bleiben Fehler also nicht im Verborgenen, wo sie sich unbemerkt ausbreiten und potenzieren können. Stattdessen werden sie zur Lerngrundlage für alle – und oft zu einem Sprungbrett für ganz neue Lösungsansätze.
- Agiles Teamwork kommt ohne den üblichen, starr und praxisfern getakteten Meeting-Wahnsinn aus. Stattdessen herrscht ein permanenter Informationsfluss der Teammitglieder untereinander. Wann immer es notwendig oder sinnvoll ist, werden stattdessen kurze Spontan-Meetings abgehalten, gern im Stehen und rein ergebnisorientiert. Dabei werden insbesondere Hürden oder Barrieren thematisiert, die den Teammitgliedern gerade bei ihrer Arbeit im Weg stehen. Meetings bauen also nicht zusätzliche Barrieren auf (wie die unsäglich zeitraubende Political Correctness und Meeting-Planungen) oder werden selbst zu welchen, sondern dienen dazu, operative Barrieren aus dem Weg zu räumen.
- Klassische Zusammenarbeit tappt regelmäßig in die Fallen des Monkey Business: Statusdenken, Hierarchiefixierung, Intrigen, Mauern. Diese Verhaltensweisen sind Folgen eines Klimas, das auf Abhängigkeiten und Konkurrenzdenken beruht. Das führt dazu, dass Spezialwissen und Praxiserfahrung oft eben nicht geteilt, sondern gehortet und bewacht werden. Agiles Teamwork hebelt diese Mechanismen durch die Zusammenführung von erfahreneren und neueren Mitarbeitern aus: Hier sind erfahrene Mitarbeiter direkt angehalten, ihr Wissen und ihre Erfahrungen an die weniger erfahrenen Mitarbeiter weiterzugeben.

Diese Praktiken des agilen Teamworks senden eine unmissverständliche Botschaft aus: Hier zählt nur das Ergebnis, nicht das Ego des Einzelnen. Gleichzeitig aber sorgen diese Verhaltensweisen dafür, dass individuelle Stärken nicht nur genutzt werden, sondern dem ganzen Team zum Vorteil gereichen. Deshalb sind agile Teams gleichzeitig schneller und kreativer, effizienter und effektiver. Und ein echter Albtraum für die COMOs. Die sind absolut nicht agilitätskompatibel, denn diese Zusammenarbeit – wie auch die Organisationsform agiler Unternehmen – beraubt sie ihrer Lebensgrundlage. Wo man Insiderkenntnisse nicht horten kann, kann man daraus auch keinen persönlichen Vorteil mehr ziehen.

Wo Fehler offengelegt werden und als Rohstoff gelten, profitiert man nicht davon, sich nach außen schadlos zu halten. Wo permanent kommuniziert wird, und dazu noch offen, kann man nicht gut Geheimnisse bewahren und intrigieren. Wo Political Correctness nicht mehr als Kernkompetenz gilt, sondern als Schwäche, kann man sich nicht gut aus der Affäre winden. Und wo Ergebnisorientierung ganz oben auf der Tagesordnung steht, kann man nicht dauerhaft seine Ahnungslosigkeit verbergen.

Schwere Zeiten für die COMOs. In Unternehmen, wo Teamwork kein Politikum mehr ist, sondern tatsächlich ein Erfolgswerkzeug, stehen individuelle Stärken und Talente über Erfolg, der hier immer ein gemeinsames Ergebnis ist – gespeist aus den Stärken der Einzelnen. In COMO-Teams läuft es umgekehrt: Da machen die COMOs möglichst wenig und bauen ihre Karriere auf der Leistung anderer auf. Die einen leisten, die anderen sahnen ab. Wenn Erfolg aber auf das Konto des Teams geht, wird der individuelle Beitrag endlich wieder reizvoll: In so einem Team macht es für den Einzelnen Sinn, sich reinzuhängen. Gleichzeitig muss er seine Eigenheiten nicht aufgeben, denn auch die werden bei der Teambildung berücksichtigt.

Die Aufgabe der Führung ist es,

- Teams so zusammenzustellen und auf ihre Aufgaben auszurichten, dass sie flexibel agieren können,
- ihnen alle Freiheiten zu geben, die sie dafür brauchen – insbesondere operativ –, und
- die Anerkennung für gemeinsame Leistungen dem gesamten Team zu zollen und gleichzeitig den individuellen Beitrag zu honorieren.

Wenn wir Individualität fördern und in Arbeitsweisen kanalisieren, die der Mission des Unternehmens nutzen statt den starren Prozessen und der internen Politik, schöpfen wir Potenziale aus, die bei den klassischen Formen der Zusammenarbeit liegen bleiben. Ob wir es agiles Teamwork nennen oder nicht: Wenn jeder Mitarbeiter die Freiheiten hat, die er braucht, kann er auch besser mit anderen zusammenarbeiten.

Wo diese Freiheit herrscht, geht es bei der Zusammenarbeit auch nicht mehr um die Verteidigung von Pfründen wie im Monkey Business – wo jeder sehen muss, wo er bleibt und für besonderen Egoismus auch noch belohnt wird. Die Teams der Zukunft prügeln sich nicht um eine Kokosnuss, sondern reißen gemeinsam Barrieren nieder. Die Führungskraft der Zukunft feuert sie an und zeigt ihnen den Weg in die Freiheit.

TEAMREZEPT VOM MEISTERKOCH

Und wo findet die Führungskraft der Zukunft die Teamplayer der Zukunft? Wie schafft man es, in Zeiten des Fachkräftemangels nicht irgendein Team zusammenzustellen, sondern die richtigen Talente zusammenzubringen und miteinander kreativ sein zu lassen? Wie entdeckt man sie, woran erkennt man sie, die talentierten Individualisten?

Einer, der es wissen muss, ist der hochdekorierte Sternekoch Harald Wohlfahrt, der mit seinem Restaurant „Schwarzwaldstube" im „Hotel Traube Tonbach" alles abgeräumt hat, was man als Koch gewinnen kann. Seit 1992 erhält er vom *Guide Michelin* kontinuierlich die Höchstwertung von drei Michelin-Sternen. Eigentlich ist das beinahe ein Ding der Unmöglichkeit. Es sei denn, der Chef ist nicht nur als Koch ein Genie, sondern auch als Leader. Wohlfahrt weiß, wie man die besten Leute findet. Die Statistik seiner Mentees ist beeindruckend: Fünf von ihnen haben ebenfalls die höchste Auszeichnung, drei Michelin-Sterne, erhalten. Als hätte der Mann einen siebten Sinn für Genies. Wie wählt er seine Leute aus? Das *Manager Magazin* hat ihn genau das gefragt und eine kontraintuitive Antwort erhalten. Wenn einer nur die Besten der Besten in seinem Team hat, dann muss er doch aussieben, dass die Fetzen fliegen – könnte man meinen. Weit gefehlt: „Ich habe 35 Jahre Führungserfahrung und habe einige Teams zusammengefügt", sagt Wohlfahrt. „In dieser Zeit habe ich zwei Mitarbeiter entlassen. Einen habe ich drei Jahre später wieder eingestellt."[37]

Wie kann das möglich sein? Ist es tatsächlich realistisch, dass ein Chef instinktiv nur die Besten auswählt und sich praktisch nie irrt? Wieder ist die Antwort nicht die, die man erwarten würde: „Ich habe immer jeden als wertvoll gesehen. Je länger man Menschen Zeit gibt, auch zur Integration in ein Team, je besser sie von erfahrenen Leuten mitgenommen werden, desto besser waren sie nachher auch im Alltag und in der Belastbarkeit. Wenn sie im Team angekommen sind, hatten sie Freude bei der Arbeit. Das hat immer funktioniert."[38]

Das heißt: Talente kommen nicht als fertige High Performer zu uns, die für das Unternehmen, das Team oder eine bestimmte Aufgabe wie geschaffen sind, alle Probleme für uns lösen und das Unternehmen in den Olymp katapultieren. So funktioniert das nicht. Vielmehr werden sie – die notwendigen Qualifikationen und Persönlichkeits-merkmale natürlich vorausgesetzt – erst im richtigen Umfeld, nämlich als Teil eines starken Teams, zu den Besten, die sie sein können. Und das heißt: Starke Teamführung ist in hohem Maße integrativ. Sie sucht nach dem richtigen Platz und dem richtigen Umfeld für jedes Talent. Ein Mitarbeiter, der die richtige Haltung mitbringt, die Frei-heit, seine individuellen Stärken um jeden Preis ausleben zu wollen, der wird auch glänzen – wenn er richtig integriert wird. Die erste Lektion über Teambuilding, die wir von Harald Wohlfahrt lernen können:

Man FINDET keine Genies – man ENTWICKELT sie.

Auch auf die Frage, woran man die Menschen erkennt, die das nötige Potenzial mit-bringen, hat Harald Wohlfahrt eine Antwort: Er nennt zwei Faktoren, die in der Grundhaltung eines Mitarbeiters angelegt sein müssen. Keine Skills also, keine be-stimmten Qualifikationen, denn die gelten als vorausgesetzt. Der eine Faktor zielt auf die Teamfähigkeit – und sortiert unmittelbar die COMOs aus: „Wenn Sie einen jun-gen Mann vor sich sehen, der immer von sich spricht und nur egobezogen agiert – der wird sich auch im Alltag nur egoistisch verhalten. Der dient in der Regel nur sich und nicht dem Team.“[39] Es ist ein schmaler Grat zwischen Selbstbewusstsein und Ich-Be-zogenheit. Wir tun also gut daran, nicht nur unseren Mitarbeitern ganz genau zuzuhö-ren, sondern auch unseren potenziellen Mitarbeitern – um die COMOs zu entlarven, bevor sie sich an der Kokosnuss festbeißen.

Der andere Faktor ist unmittelbar auf den Job bezogen, aber nicht im Sinne einer Qualifikation, sondern im Sinne der Selbstreflexion: „Köche sind auch Ästheten. Ein Schmuddel, der nicht auf seine Kleidung achtet, kommt da auch nicht in Frage – unsere ganze Persönlichkeit spiegelt sich ja in unserer Arbeit, die sieht man auf dem Teller.“[40] Und eine treffendere Aussage über den Zusammenhang von Persönlichkeit und Ergebnis habe ich selten gehört:

Die Persönlichkeit des Mitarbeiters zeigt sich am Ergebnis.

Das ist nicht nur ein klarer Hinweis darauf, warum wir Talente nicht nach Anzug und Stromlinienförmigkeit aussuchen sollten, sondern nach ihrer Einstellung. Es ist auch eine klare Ansage an die Aufgabe der Führungskraft bei der Talentfindung und Team-entwicklung: Unser Job als Kopf eines Teams – gleich auf welcher Ebene – besteht nicht darin, einen passenden Lebenslauf auf eine offene Stellenbeschreibung zu setzen. Sondern darin, eine Persönlichkeit in eine Mission zu integrieren, die zu ihr passt. Alles andere ist vergebliche Liebesmüh, denn die Inkompatibilität wird sich auf die Kunden-erfahrung auswirken. Und die beginnt, um den Gedanken von Harald Wohlfahrt wei-terzuspinnen, nicht erst mit der Lieferung oder der Dienstleistung.

KUNDENERFAHRUNG
beginnt mit
TEAMBUILDING.

Und welchen Rat hat der Meisterkoch für die Auswahl von Führungskräften, abgesehen von der Expertise? Einmal mehr ist die Antwort: Empathie. „Man muss Menschen mögen, um Menschen führen zu können." Und dann, auch einmal mehr: Freude. „Ich sage meinen Kindern immer: Wenn ihr morgens aufsteht und gerne zur Arbeit geht, dann macht ihr alles richtig, dann kommt der Erfolg von alleine. Wenn man aufsteht und hat keine Freude, dann muss man umdenken, das wird sonst nichts."[41]

Die Freiheit, das zu tun, was man tun will – das ist die beste Voraussetzung für gute Zusammenarbeit. Hören Sie in sich hinein, ob Sie Spaß haben. Und wenn nicht: Warum nicht? Und dann stellen Sie diese Frage auch Ihrem Team. Sie werden verblüfft sein, was sie bewirkt und wie sie die Teamdynamik beeinflusst, diese einfache Frage: Warum nicht?

TEAMWORK: FREI SEIN UND FREI SEIN LASSEN

Wenn Sie im Monkey Business gefangen sind, hören sich manche der Ratschläge in diesem Kapitel für Sie vielleicht nach frommen Wünschen an. Sie sind es nicht. Sie stammen allesamt aus meiner eigenen Führungspraxis und der Best Practice anderer Unternehmer, und sie alle dienen der Inspiration. Nicht alles geht auf einmal und nicht in jedem Unternehmen gleichermaßen. Ich rate Ihnen nicht dazu, alles zu vergessen, was Sie über Talentsuche und Mitarbeiterführung gelernt haben. Aber ich rate Ihnen dazu, Ihren Mitarbeitern nach bestem Wissen und Gewissen Rahmenbedingungen zu geben, die ihnen Freiheiten lassen. Und dann gehen Sie Schritt für Schritt weiter auf diesem Weg. Eine Barriere nach der anderen. Der erste kleine Schritt bringt den Stein bereits ins Rollen: Mitsprache und Gestaltungsmöglichkeiten sind laut verschiedensten Studien die wichtigsten Faktoren, um Mitarbeiter zu binden. Und das ist kein Hexenwerk. Öffnen Sie sich und reden Sie mit Ihren Leuten, aber nicht über irgendwas. 65 Prozent der Mitarbeiter kommunizieren täglich mit ihrem Vorgesetzten. Trotzdem machen 70 Prozent Dienst nach Vorschrift. Dienst nach Vorschrift ist das Gegenteil von Obsession. Dienst nach Vorschrift ist ein klares Symptom – für einen Mangel an Freiheit. Ein starkes Team ist wie eine eigene komplexe Persönlichkeit, doch die Grundregeln sind einfach. Starkes Teamwork beruht darauf, dass Sie Ihren Teams Freiräume geben – und zwar die richtigen.

Teambuilding – drei Maßnahmen für Winning-Teams

- Ein Top-Team ist vielstimmig, nicht eintönig. Stellen Sie Ihr Team nach Talenten zusammen, nicht nur nach Qualifikation oder gar nach Anzug! Individualisten sind die besseren Teamworker.
- Geben Sie jedem genau die Freiheit, die er zum Glänzen braucht! Fördern Sie Persönlichkeiten und Potenziale und verteilen Sie nicht einfach Aufgaben – integrieren Sie Persönlichkeiten in die Mission!
- Genies findet man nicht, man entwickelt sie. Fordern Sie Ihr Team heraus, indem Sie als Leader immer ein bisschen verrückter denken als alle anderen! Mentale Barrierefreiheit setzt Kräfte frei – und färbt ab.

Die goldene Regel des Teamworks:
BLEIBEN SIE
obsessiv und
lassen Sie Ihr Team
OBSESSIV
sein!

5. PIONIER-GEIST

WIE FREIHEIT INNOVATION ENTFESSELT

NICHTS ZU VERLIEREN

Ich ging mit Anfang 20 nach Südafrika. Für mich bedeutete das Freiheit – aus mehreren Gründen. Zum einen wollte ich unbedingt der Bundeswehr entgehen. Südafrika hatte nämlich kein Auslieferungsabkommen mit Deutschland. Und zum anderen war ich überzeugt, dass ich bereit war für die Welt, die große, weite Welt, die für mich bis dahin nur eine große Fiktion war. Da kam mir ein Land gelegen, das gerade die alten Fesseln ablegte. Nelson Mandela war wenige Monate zuvor aus dem Gefängnis entlassen worden. Willem de Klerk hatte gerade das Amt als Staatspräsident übernommen. Südafrika war wie ich auf dem Weg in die Freiheit. Dass es vor Ort, im Leben der Menschen, noch ganz anders aussah, das ist eine andere Geschichte, die ich in meinem Buch *Sex bitte nur in der Suite* erzählt habe.

Ich bin gerade in Johannesburg angekommen – mein erster Langstreckenflug überhaupt – und habe einen Termin mit dem Direktor des „Karos Indaba Hotels", Herrn Stannek, einem Österreicher. Mit ihm habe ich schon Monate vorher meinen Arbeitsvertrag geschlossen. Mit breiter Brust marschiere ich in die Lobby und gebe mich zu erkennen. Der Rezeptionist macht einen Anruf, und ich warte. Und warte. Und warte. Zwischendurch kommt sogar Godot vorbei, nur Herr Stannek nicht. Dann kommt irgendwann ein Engländer, der sich als Gary Bisset vorstellt. Und zu meiner Verwunderung auch als Hoteldirektor. Wie sich herausstellt, ist Herr Stannek zwei Tage zuvor rausgeflogen. Vor mir steht sein Nachfolger. Na großartig. Ich bin in Südafrika, ich habe einen Arbeitsvertrag, ich bin bereit, alles zu geben – nur mein Chef ist leider nicht mehr da. An seiner Stelle will nun Mr Bisset wissen, was ich von ihm wolle. Also erwidere ich so selbstbewusst wie möglich: „Mein Name ist Carsten Rath, und ich bin Ihr neuer Assistant Manager."

Und was sagt Gary Bisset? „No. Von deinem Vertrag weiß ich nichts. Geh nach Hause."

Nach Hause? Der ist gut. Ich denke: Wenn ich jetzt nicht das Richtige sage, dann bin ich in zwei Minuten deutlich freier, als mir lieb ist. Und dann mache ich ihm in meiner Verzweiflung einen Vorschlag: „Ich arbeite vier Wochen umsonst für Sie und zeige Ihnen, was ich kann. So lange geben Sie mir bitte ein Dach über dem Kopf. Geld brauche ich erst mal nicht. Nur ein Bett, was zu essen und den Job. Und wenn Sie mich in vier Wochen immer noch wegschicken wollen, dann tun Sie das."

Mr Bisset sagt erst einmal gar nichts. Er hebt nur die Augenbrauen, und ich ahne: Irgendwie bin ich mit meinem Plädoyer zu ihm durchgedrungen. Der Engländer bittet mich zu warten und verschwindet, wohl um sich mit irgendwem zu besprechen. Als er wiederkommt, schlägt er ein: „Stell dich vier Wochen hinter die Rezeption, dann sehen wir weiter." Ein kostenloser Rezeptionist für vier Wochen – das ist dann doch zu verlockend. Der selbstverordnete Sklaven-Deal entpuppt sich als Segen. Ich bin noch nie so frei gewesen wie in diesen vier Wochen. Ich schlafe ein paar Stunden pro Nacht in einem ungenutzten Hinterzimmer und mache mich ansonsten in jeder wachen Minute irgendwo im Hotel nützlich. Wenn meine Arbeitsstunden als Rezeptionist um sind, suche ich mir woanders Beschäftigung. Ich nutze alle nur erdenklichen Möglichkeiten, um mich zu empfehlen.

Am Ende der vier Wochen bekomme ich einen ordentlichen Arbeitsvertrag. Von diesem Tag an geht es für mich in Johannesburg nur noch aufwärts. Nach ein paar Monaten werde ich stellvertretender Empfangschef, dann Empfangschef, und nach einem Jahr werde ich Rooms Division Manager. Mit anderen Worten: Ich bin für alles zuständig, außer für die Gastronomie. Tatsächlich hat mich die Katastrophe zum Einstand befreit. Ich habe keine Chance, mich vorsichtig heranzutasten. Keine Gelegenheit, erst einmal herauszufinden, was der Chef von mir erwartet. Keinen Grund, lieber gar nicht aufzufallen als negativ, damit ich meinen Job nicht verliere. Ich habe nämlich keinen. Und damit habe ich auch nichts zu verlieren. Die Alternative ist vom ersten Tag an klar: Entweder ich kann diesen Engländer mit meinen Qualitäten aus den Socken hauen. Oder ich werde pünktlich nach vier Wochen in einer Maschine zurück nach Deutschland sitzen und mir einen Soldatenhelm aufsetzen.

Als ich meinen Arbeitsvertrag dann habe, fällt es mir erstaunlich leicht, einfach so weiterzumachen. Ich zögere in Südafrika kein einziges Mal, Ideen umzusetzen – ich tue es einfach. Nicht ein einziges Mal überlege ich, ob ich gerade meine Kompetenzen überschreite. Was ich für sinnvoll halte, setze ich um. Zu sehen, dass das wirklich funktioniert, gibt mir einen ungeheuren Schub an Selbstvertrauen. Und deshalb berichte ich Ihnen auch davon:

Nichts zu VERLIEREN zu haben, aber alles zu GEWINNEN, macht Menschen handlungsfähig – und verdammt kreativ.

DIE FREIHEIT DER NEUEN TALENTE

Vielleicht denken Sie jetzt: Ist ja wunderbar, dann lassen wir in Zukunft erst mal jeden Kandidaten einen Monat umsonst arbeiten. Aber das meine ich nicht. Ich meine etwas anderes: Nichts zu verlieren zu haben, ist – um der Einfachheit halber die Generationsetiketten zu bemühen – der Generation Y und der Generation Z sozusagen schon eingebaut. Die neuen Mitarbeiter kommen heute schon mit dieser Haltung zu uns. Sie sind es gewohnt, als wertvolle Arbeitskräfte betrachtet zu werden, und sie bringen in den meisten Fällen die Bildung, die Qualifikation, die Auslandsaufenthalte und die digitale Kompetenz mit, die sie tatsächlich so ungeheuer wertvoll machen – jedenfalls diejenigen unter ihnen, die etwas bewirken wollen.

Und noch etwas bringen sie mit: eine neue Vorstellung von Arbeit. Sie wollen Arbeit, die ihnen nicht das Leben aussaugt, sondern sich in ihren Lebensentwurf integriert. Die ihnen das Gefühl gibt, etwas Sinnvolles zu tun. Auf die Zukunft einzuzahlen – ihre eigene und die der Gesellschaft und der Umwelt. Und wo sie die nicht finden, da bleiben sie nicht.

Viele Frauen und Männer der Generation Y sind auf eine äußerst ALTRUISTISCHE Weise EGOISTISCH.

Zum Teil – und das dürfen wir nicht ignorieren –, weil wir ihnen ziemlich wirre Verhältnisse hinterlassen haben: die wachstumsgeile Welt der Über-COMOs, die alles und jeden nur als Erfolgsressource betrachten und in einem gar nicht altruistischen Sinne egoistisch sind. Die jungen Generationen gehen einfach mal davon aus, dass sie nichts zu verlieren haben, und haben damit nicht unrecht. Der Fachkräftemangel ist ein wesentlicher Grund dafür, warum sie mit diesem Idealismus nicht nur durchkommen, sondern warum so viele Arbeitgeber inzwischen genau danach suchen. Insbesondere die, die selbst zu diesen Generationen gehören.

Diese jungen Menschen kommen viel freier im Unternehmen an als die meisten der Generation X damals. Die sind mit den alten Druckmitteln nicht zu motivieren. Sondern nur mit der Freiheit, das zu tun, was für sie relevant ist. So wie ich damals in Südafrika, nur unter anderen Vorzeichen.

Sie haben natürlich zwei Möglichkeiten: Sie können das ignorieren und weitermachen wie gehabt. Etwa so wie der ehemalige SPD-Parteivorsitzende Sigmar Gabriel, dem eine Internet-Aktivistin aus der eigenen Parteibasis bei einer Veranstaltung anbot, ihn mit in die „neue Welt" des Internets zu nehmen. Und was sagte Gabriel? Er warf ihr vor, dass sie die Welt außerhalb des Internets nicht kenne. So können Sie das machen: dem Neuen vors Schienbein treten, sich als alter Sack outen und denen den Respekt entziehen, die die Zukunft unserer Welt bauen, die unserer Unternehmen und unsere eigene. Aber dann dürfen Sie sich nicht wundern, wenn Sie bald unter 20 Prozent landen und nie Kanzler werden.

Denn im Gegensatz zu den jungen Generationen haben wir eine ganze Menge zu verlieren, finden Sie nicht?

DIE NEUEN ANSPRÜCHE AN FÜHRUNG

Sosehr manche von uns auch an der alten, einfacheren, auf Status und Macht aufgebauten Welt der Führung festhalten wollen: Innovation ist mit diesem System nicht mehr zu machen, jedenfalls nicht auf Dauer. Das meint sogar der Managementforscher Gary Hamel, auch bekannt als „Mr Kernkompetenz", der seit 25 Jahren einen prägenden Einfluss darauf hat, wie unsere Unternehmen ticken. Ihm verdanken wir zum Beispiel die Erkenntnis, dass die Differenzierung durch Produkte heute als Alleinstellungsmerkmal eines Unternehmens nicht mehr ausreicht. Stattdessen brauchen Unternehmen „Kernkompetenzen" – Know-how und Fähigkeiten, die es ihnen ermöglichen, immer wieder neue und bessere Produkte zu erschaffen. Dieser Gary Hamel, so das *Handelsblatt*, ist nun auf einem neuen Kreuzzug, auf dem er die „Kerninkompetenzen" der Unternehmen anprangert: Dem Durchschnitt der Unternehmen wirft er vor, nicht anpassungsfähig, innovativ und inspirierend genug zu sein, um überleben zu können. Den Grund dafür sieht er im übersteigerten Bedürfnis nach Kontrolle, dessen Instrument die überbordende Bürokratie in den Unternehmen sei. Die Bürokratie, so Hamel, müsse sterben.[42] Wenn das mal keine Kampfansage an die COMOs ist.

Für seine klaren Worte hat Hamel auch eine klare Begründung: Die Bürokratie steht der Innovationsfähigkeit im Weg. Die „pyramidenförmige Architektur von Kommando und Kontrolle" mit ihren formalen Hierarchien bremst neue Ideen aus. Und zwar vor allem deshalb, weil diejenigen, die es in der Hierarchie nach oben geschafft haben, kein großes Interesse mehr an Veränderung haben. Hamel bleibt im Bild der ägyptischen Pyramiden, wenn er denen an der Spitze einen Namen gibt: Pharaonen oder Generalfeldmarschälle seien sie – nur eben keine Innovatoren. Das Ende der Bürokratie wäre auch das Ende des Monkey Business, obwohl Hamel es natürlich nicht so nennt. An der Stelle der kontrollverseuchten Pyramiden stünden Unternehmen, deren Mitarbeiter sich ihre Missionen selbst suchen und sich selbst organisieren. Dadurch seien sie emotional stärker an das Unternehmen gebunden, also: engagierter und damit produktiver. Nichts weniger als eine grundlegende Reform des Kapitalismus fordert der Management-Guru da, nach der die Menschen verlangten – eine Generation, die von der Finanzkrise geprägt wurde.[43]

Ob Hamels Prognosen allesamt so eintreffen, ist eine andere Frage. In jedem Fall macht diese Diagnose – zumal von einem, der die Wirtschaft, die wir heute kennen, mitgeprägt hat – überdeutlich: Einfach weitermachen wie bisher, geht nicht mehr. Sonst spielen auch die größten der Dinosaurier in der Champions League bald vor leeren Rängen. Wenn wir mit unseren Unternehmen zukunftsfähig werden wollen, wenn wir auch morgen und übermorgen noch mitspielen wollen im Business nach dem Monkey Business, dann brauchen wir die Leidenschaft dieser jungen Menschen, die wissen, was die neuen Zielgruppen bewegt. Weil sie selbst dazugehören. Wir wollen die neuen High Potentials mit ihrem neuen Leistungs- und Arbeitsverständnis erreichen.

Der Stellenwert von Arbeit hat sich über die letzten drei Generationen massiv verändert. Wurden die Babyboomer noch von langfristigem Wohlstand und Alterssicherung dazu angetrieben, die Karriereleiter immer weiter nach oben zu klettern, ist der Generation Y eine ausgeglichene Balance aus Leben und Arbeiten wichtiger. Treffender finde ich die Formulierung: Sie erwarten, dass sich die Arbeit ins Leben integriert, nicht umgekehrt. Junge Mitarbeiter wollen sich vor allem inhaltlich verwirklichen. Wie sich die Selbstverwirklichung in eine Karriere übersetzen lässt, ist ihnen ganz und gar nicht

egal – wohl aber ist es zweitrangig. Die Bereitschaft, private Belange den beruflichen Zielen unterzuordnen, hat beim Führungsnachwuchs stark abgenommen. Davon waren bei einer Umfrage von Odgers Berndtson unter den Personalchefs der 500 größten Unternehmen in Deutschland immerhin 70 Prozent der Befragten überzeugt.[44] Auch die Bereitschaft, sich geltenden Werten und Verhaltensweisen im Job zu unterwerfen, sei zurückgegangen.

Schwere Zeiten für die COMOs in den Führungsetagen, die genau darauf setzen: Kontrolle und Unterwerfung. Natürlich wird sich kaum ein CEO, kaum ein Personalchef und kaum ein Abteilungsleiter vorwerfen lassen, seine Organisation sei organisiert wie der Bauch einer Galeere, in der namenlose Sklaven am Rande der totalen Erschöpfung immer weiter vorangepeitscht werden, damit es noch irgendwie vorwärtsgeht. Natürlich wäre das eine einseitige, überzogene, populistische Sichtweise darauf, wie Arbeit im Monkey Business funktioniert.

Doch ein bisschen COMO ist nun mal in allen von uns und in all unseren Unternehmen. In vielen, wenn nicht den meisten: ein bisschen zu viel. Entscheidend ist die Erkenntnis, dass sich das Kräfteverhältnis zwischen Arbeitgebern und Arbeitnehmern gedreht hat: Wo Arbeitskräfte eben nicht mehr in Hülle und Fülle zur Verfügung stehen, muss Management umdenken.

Und wenn diejenigen, die zur Verfügung stehen, sich nicht mehr die Butter vom Brot nehmen lassen und ihrer eigenen, inhaltlich getriebenen Agenda folgen wollen, dann gilt es, sie abzuholen. Wenn Mitarbeiter ihre Leistungsfähigkeit nicht mehr um der Karriere willen anzapfen, sondern um etwas zu bewirken, das ihre Bedürfnisse befriedigt, dann sollte uns das zu denken geben.

Mitarbeiter folgen Leadern nicht mehr, um **KARRIERE** zu machen, sondern um **TEIL EINER VISION** zu sein.

Die Medien sind voll von Aussteigergeschichten wie der des ehemaligen Chief Compliance Officers einer Schweizer Privatbankengruppe, der sich betrogen fühlte, als seine Bank von einem teilhabergeführten Unternehmen in eine Aktiengesellschaft umgewandelt wurde. Bis dahin hatte der Endvierziger eine steile Karriere hingelegt, doch nun gingen bei ihm die roten Lampen an und hörten nicht mehr auf zu blinken. Nach der Umwandlung dienten jede Entscheidung und vor allem jeder Mitarbeiter einzig und allein der Profitmaximierung, berichtete Alexander Hartmann (übrigens zu alt für die Generation Y) der *Süddeutschen Zeitung*. „Die Mitarbeiter wurden wie seelenlose Automaten behandelt."[45] Der Manager geriet immer öfter in Gewissenskonflikte, litt unter wachsenden gesundheitlichen Beschwerden und ging nur noch aus bloßem Pflichtbewusstsein zur Arbeit. Und dann, eines Tages, eben nicht mehr.

Wachsen, so schnell wie möglich, um jeden Preis: Das ist genau die Art von Unternehmensziel, mit der Sie Mitarbeiter heute nicht mehr abholen können. Alexander Hartmann, der Leistungsträger und Besserverdiener, arbeitet heute in einem Waisenhaus. Als „verrückt" bezeichnet diese Aussteiger heute kaum noch jemand. Besonders die zahlreichen Social Entrepreneurs, die aus ihren hochdotierten Jobs aussteigen um Biobrot zu backen oder die Bildungslandschaft in „Dritte-Welt"-Ländern zu reformieren, gelten inzwischen nicht mehr als „Spinner", sondern als Vorbilder. Ganz besonders, wenn sie mit ihren „verrückten Ideen" auch noch Gewinne machen. Nach und nach verdrängen sie die Management-Gurus sogar von den Bühnen der Wirtschaftsforen und Entrepreneur-Tagungen. Der Ausstieg aus dem Monkey Business ist nicht mehr anrüchig – der idealistische, reflektiert-eigennützige Bruch im Lebenslauf ist zu einem logischen biografischen Schritt der Hochqualifizierten geworden. Sie wollen sich nicht mehr zwingen lassen, sondern von gemeinsamen Zielen angezogen werden. Für Unternehmen und für Führung heißt das: nicht kontrollieren, sondern begeistern. Denn:

Was, wenn MONKEY BUSINESS ist, und KEINER geht hin?

Doch was genau kann die jungen Mitarbeiter anlocken? Und vor allem: Was kann sie dauerhaft binden? Wenn man die zahllosen, mal mehr und mal weniger relevanten

Studien über diese neue Spezies der Arbeitenden auf einen einigermaßen belastbaren Nenner herunterbricht, dann kann man ihre wichtigsten Bedürfnisse – auf die Ansprüche an Führung übertragen – folgendermaßen interpretieren:

Ansprüche der Post-COMO-Generation an Führung

- Sie wollen mitentscheiden können.
- Sie brauchen Handlungsspielräume.
- Sie wünschen sich Gestaltungsmöglichkeiten.

Vielen von uns mag diese Haltung im Management noch relativ fremd sein: Wir haben uns an das Monkey Business gewöhnt und sind alle ein bisschen COMO geworden. Der eine mehr, der andere weniger. Viele von uns haben – gefühlt zumindest – viel zu verlieren. Aber die Zeiten ändern sich nun mal! Wenn wir unsere Haltung nicht wechseln, dann werden wir ausgewechselt. Den folgenden gedanklichen Schritt setzt Leadership heute voraus:

FREIHEIT ist eine Grundbedingung für MITARBEITER-ZUFRIEDENHEIT.

Das ist keine Kleinigkeit. Das ist ein zentraler Relevanzfaktor von Führung. Das ist ein echter Paradigmenwechsel. Wir schießen uns selbst ins Knie, wenn wir das kleinreden. Ich werde in meinem unternehmerischen Umfeld immer öfter Zeuge dieses Wandels: Die neuen Freiheiten existieren. Es gibt Unternehmen, die sie ihren Mitarbeitern bieten. Wer nicht lernt, mit diesen neuen Mitarbeitern und ihrem Ruf nach Freiheit umzugehen, der wird sie verlieren – oder gar nicht erst gewinnen können. Die Devise lautet nicht, diese jungen „Freigeister" aufs Monkey Business einzuschwören – sondern uns an die Freiheit zu gewöhnen. Zu verstehen, was das bedeutet, im Unternehmen frei zu sein, und dann die Führung und das Unternehmen auf diese Haltung auszurichten.

FREIHEIT MACHT KREATIV

Und wozu das Ganze? Warum diesen Weg gehen und die Risiken in Kauf nehmen? Weil unsere Unternehmen nur so zukunftsfähig werden. Weil wir diese Mitarbeiter brauchen. Und vor allem, weil wir ihre Kreativität brauchen – die Kreativität für eine neue Zeit. Denn das ist die zentrale Herausforderung an die Führung bei der Mission, ein Unternehmen zukunftsfähig zu machen:

Freiheit in der Führung setzt KREATIVITÄT frei, und Kreativität ist die Grundlage von INNOVATION.

Unser Job ist es, die Freiheit unserer Mitarbeiter in Kreativität zu verwandeln. Das können wir nur, indem wir unsere Freiheiten als Leader dafür nutzen. Sonst hauen die guten Leute ab und setzen ihre Ideen woanders um. Zuerst müssen wir uns also als Leader frei machen. Das Ziel ist, dass wir jede Entscheidung für oder wider Innovation, die wir treffen, in Freiheit treffen.

Nur eine freie Entscheidung ist eine gute Entscheidung.

Verstehen Sie mich bitte richtig: *nicht* frei von Einflüssen, *nicht* frei von Erfahrungen, *nicht* frei von Umständen. Das ist unrealistisch. Das kann keiner von uns. Aber frei von *Denkbarrieren*. Und das ist möglich. Das ist eine Entscheidung, die Sie und ich treffen können.

Die großen Pioniere sind immer Freigeister gewesen. Nicht nur Menschen wie Gottlieb Daimler und Nicolas Hayek. Auch auf Einstein oder Michelangelo trifft das zu, und Picasso erst. Astrid Lindgren war so frei, den schwedischen Finanzminister zu entmachten – vielleicht nicht im Alleingang, wie es manchmal heißt, aber federführend –, weil sie mit seiner ungerechten Politik nicht einverstanden war. Eine Kinderbuchautorin! Lauter kreative Menschen, die sich durchgesetzt haben.

Was glauben Sie, was all diese Menschen gemeinsam hatten? Den Mut, die Billionen Gegenstimmen auszublenden, die sagen: Es geht nicht. Ich nenne das: geistige Barrierefreiheit.

Es ist einfach, diese Eigenschaft den großen Denkern und Entrepreneuren zuzuordnen. Den Ausnahmeerscheinungen. Nach dem Motto: Die können das, ich könnte das nicht. Geistige Barrierefreiheit ist aber nicht den großen Pionieren vorbehalten. Barrierefreies Leadership kann noch das kleinste Detail in Alltagsprozessen verändern. Das ist keine Frage der Größe. Es ist einzig und allein eine Frage der Relevanz. Relevanz ist die einzige Leitplanke für Kreativität, die zählt. Wenn ich mich frage, ob eine Innovation Sinn macht, ob ich eine Idee weiterverfolgen soll oder nicht, dann stelle ich mir genau eine Frage. Die Antwort darauf bestimmt, ob ich die Innovation verfolge.

Meine Relevanzfrage der Innovation im Leadership

Was hat der Kunde davon?

Wenn es für den Kunden relevant ist, dann wird es gemacht. Fragen nach der Machbarkeit sind keine Relevanzfragen, sondern operative Fragen. Die kommen später. Beim Für und Wider einer Innovation halte ich mich zunächst an den Erfinder der Relativitätstheorie. Denn genau das ist Erfolg immer: relativ.

„Was VORSTELLBAR ist, ist auch MACHBAR."

(Albert Einstein)

INNOVATION HEISST, SICH UNABHÄNGIG MACHEN

Gegen jede Innovation gibt es Anfechtungen. Meist mehr Anfechtungen als Pro-Argumente. COMOs sind leider ausgerechnet in dieser Disziplin am kreativsten: Wenn es darum geht, etwas zu verhindern, werden sie plötzlich zu Eloquenz-Bestien. Wie sehr ich darunter früher gelitten haben, als dressiertes Alphatier, habe ich Ihnen schon zu Beginn dieses Buches erzählt. Inzwischen sehe ich geradezu meine unternehmerische Verantwortung darin, gegen Anfechtungen anzugehen – und möchte Ihnen gegen Ende dieses Buches dieselbe Empfehlung geben, um mit den Wachstumsschmerzen der Freiheit umzugehen:

Sich über ZWEIFEL HINWEGSETZEN zu können, ist eine Kernkompetenz in der Führung.

Woher ich das weiß? Aus Erfahrung. Wenn ich als Deutscher in der Schweiz ein Grand-Hotel eröffnen kann, ohne erschossen zu werden, dann können Sie alles. Wenn ein Sternekoch seinen Mitarbeiter in den Kühlraum hängen und mit dieser merkwürdigen Motivationsroutine zwei Michelin-Sterne erkämpfen kann, dann können Sie alles. Wenn ein Chinese dem vielleicht mächtigsten System der Welt den Finger zeigen, mitten in Peking einen kopierten Biergarten eröffnen kann und mit der Nummer auch noch der erste chinesische Kunde von Ferrari wird, dann können Sie alles. Das alles geht eigentlich nicht und ging doch. Genau wie die Eisenbahn, das Auto und jetzt das autonome, also selbstfahrende Fahrzeug. Alles, was wir heute als selbstverständlich betrachten, sollte irgendwann mal unmöglich sein und war es doch nicht.

Was nichts daran ändert, dass Anfechtungen die Königsdisziplin der COMO-Rhetorik sind. Selbst COMOs, die sonst nichts drauf haben, können Anfechtungen. Und wie. Die Standardsprüche der Verhinderer kennen Sie bestimmt aus eigener Erfahrung in- und auswendig:

Anti-Innovationsrhetorik der COMOs:

- „Das geht nicht."
- „Das haben wir noch nie so gemacht."
- „Das kann man nicht verkaufen."
- „Das verstehen die Mitarbeiter nicht."
- „Das kriegen wir nie genehmigt."

Ich bin sicher, Sie können noch ein paar solcher Sätze ergänzen. Wir sind so daran gewöhnt, sie zu hören, dass sie uns gar nicht mehr irritieren. Es gibt sogar eine Disziplin der professionellen Rhetorik, die sich nur damit befasst: Einwandbehandlung. Lassen Sie sich das mal auf der Zunge zergehen: Wir belegen als Führungskräfte Kurse in Einwandbehandlung – weil wir sie brauchen. Und wie viele Kurse in Innovationsmanagement besucht die durchschnittliche Führungskraft so in ihrem Leben?

COMOs tun alles dafür, auch uns in Ketten zu legen. COMOs wollen nicht, dass sich etwas ändert. Sie wollen keine Innovation – schon gar nicht im Leadership. Denn Innovation ist unbequem. Sie verlangt, dass wir uns strecken, Ungewissheiten in Kauf nehmen, Risiken eingehen. Wenn Sie sich als Leader von solchen Barrieren aufhalten lassen, dann machen Sie sich *abhängig*. Sie machen sich abhängig von der Außenwahrnehmung. Sie machen sich abhängig von negativen Einflüssen. Sie machen sich abhängig von den Beschränkungen. Sie machen sich abhängig vom COMO, der aus irgendeinem Grund zuständig ist, wenn auch aus keinem guten Grund, oder der zumindest ein Wörtchen mitzureden hat. Dafür ist er ja COMO geworden: um mitreden und statusgefährdende Veränderungen verhindern zu können.

Deshalb habe ich etwas gegen die Konsenskultur. Deshalb habe ich Schwierigkeiten mit überflüssigen Meetings. Und deshalb brauche ich keine Mitarbeiter, die Dienst nach Vorschrift machen. Das alles schafft Abhängigkeiten. Und das, was wirklich relevant ist, kommt unter die Räder: der Pioniergeist, die Kreativität, die Erneuerung.

Wenn die Billionen Gegenstimmen die Oberhand in der Führung gewinnen, geht es plötzlich nicht mehr darum, etwas zu verändern, sondern darum, sich anzupassen. Wo die COMOs das Sagen haben, lautet das Ziel nicht, sich abzuheben, sondern ähnlicher zu werden, gleich zu werden, austauschbar.

Einwände wird es immer und immer und immer geben. Ihre Ideen anpassen, bis es keine Einwände mehr gibt: Das ist ein Spiel, das Sie schon verloren haben. Sobald Sie sich darauf einlassen, mit den COMOs zu spielen. Leadership muss frei sein von Abhängigkeiten, damit neue Ideen eine Chance haben.

Wenn die
EINWÄNDE
im Vordergrund stehen, rücken die
IDEEN
in den Hintergrund.

INNOVATION UMSETZEN: DARF ICH DAS?

Sie müssen ja nicht gleich damit anfangen, dass Sie das Organigramm schreddern. Beginnen Sie ruhig mit ein paar Kleinigkeiten. Und dann machen Sie mit ein paar anderen Kleinigkeiten weiter.

Werden Sie zum KÖNIG der KLEINIGKEITEN!

Wenn es um Kundenzufriedenheit geht, um Innovationen, die Menschen bewegen, dann sind die Kleinigkeiten die Königsdisziplin. Die Details sind nämlich das, was den Kunden am meisten interessiert.

Ich gebe Ihnen ein Beispiel aus einem meiner Unternehmen, dem „Kameha Grand Zürich". Denken Sie bitte mal an Ihren letzten Hotelaufenthalt zurück. Vielleicht sind Sie nach einem heftigen Tag abends völlig erschöpft auf Ihr Zimmer oder in Ihre Suite gekommen und haben gedacht: Jetzt ein Drink! Frage: Wann waren Sie das letzte Mal begeistert von dem, was Sie in der Mini-Bar vorgefunden haben? Haben Sie es schon mal geschafft, sich mit dem Inhalt einer Mini-Bar ordentlich zu betrinken?

Mal ehrlich: So richtig ausgereift ist das Konzept Mini-Bar nicht wirklich, oder? Und trotzdem gehört sie in allen Hotels ab vier Sternen zum Standard. Ein Hotel, zumal ein Business-Hotel ohne die obligatorische Mini-Bar ist kein richtiges Business-Hotel, heißt es. Hotels überall auf der Welt halten an diesem Standard fest, obwohl er dringend innovationsbedürftig ist.

Deshalb habe ich ihn im „Kameha Grand Zürich" abgeschafft. Ja, genau. Ich habe die Mini-Bar abgeschafft. Und was meinen Sie, was ich mir dafür anhören musste. Wie ich auf diese Idee gekommen bin? So wie immer. Ich habe mir die Relevanzfrage der Innovation gestellt: Was hat der Kunde davon?

Ich bin ja selbst ständig in Hotels zu Gast. Irgendwann ist mir aufgefallen, dass dieses Konzept der Mini-Bar nicht so richtig zum Bedarf passt. Was steht denn da drin: eine Cola, ein Bier, ein Wein, vielleicht sind es insgesamt zehn Flaschen – das Prinzip Gießkanne eben. Aber so groß ist keine Mini-Bar, dass ich alle möglichen Wünsche aller meiner Gäste damit abdecken könnte. Und das ist der Punkt: Der Gast will nicht die Mini-Bar an sich. Der Gast will in einem Grand-Hotel jederzeit trinken und essen können, wonach ihm ist. Luxus ist eine Frage der Wahlfreiheit. *Das* ist der Bedarf: Freiheit der Wahl!

Deshalb haben wir das in Zürich anders gemacht.

In unseren Mini-Bars stehen zwei Flaschen Wasser und sonst nichts. Statt der Standardbestückung bieten wir typgerechte Pakete an, zum Beispiel ein Sportler-Paket für die Gesundheitsbewussten. Oder ein Manager-Paket für den gepflegten Absturz nach dem Meeting. In unseren Executive Suites steht sogar schon ein Drink für Sie auf dem Schreibtisch bereit, wenn Sie Ihre Suite betreten. Und warum machen wir das? Weil ich als Unternehmer eben auch ein Manager bin, der verdammt oft nach einem verdammt anstrengenden Tag voller Monkey Business ins Hotel kommt und sich genau danach sehnt. Welcher Leader kennt sie nicht, die ganz schlimmen Abende? Sie wissen schon: diese Abende, nach denen Sie am nächsten Morgen erst mal die Rezeption anrufen und fragen, wo Sie eigentlich sind. Mit unseren Paketen bekommt der Gast nicht irgendeine Auswahl, sondern genau die richtige. Außerdem gibt es natürlich einen 24-Stunden-Room-Service – und zwar ohne Preisaufschlag.

Und dann gibt es noch etwas, und das hat manche meiner Kritiker fast zur Weißglut getrieben: Auf dem Flur steht ein Getränkeautomat.

Was? Ein Getränkeautomat in einem Grand-Hotel? Das ist doch kein Luxus!

Da bin ich ganz anderer Meinung. Luxus ist – wie gesagt – eine Frage der Wahlfreiheit. Die freie Wahl zu haben ist das, was ich als Gast eigentlich will. Und das leistet ein Automat auf jeder Etage mit vielen Optionen besser als jede Mini-Bar. Außerdem hat er den Vorteil, dass Sie da notfalls noch auf allen vieren hinkriechen können, wenn Sie schon nicht mehr wissen, wo Sie sind.

Deshalb gibt es im „Kameha Grand Zürich" keine klassische Mini-Bar mehr, obwohl es die seit Menschengedenken in jedem Grand-Hotel gibt.

Und warum habe ich das gemacht? Warum habe ich mich gegen die Billionen Gegenstimmen durchgesetzt, die gesagt haben: „Aber jedes ordentliche Hotelzimmer braucht eine Mini-Bar! Das können wir nicht machen. Das werden die Gäste nicht verstehen!" Ich habe es aus dem gleichen Grund gemacht, aus dem César Ritz in Paris als erster Hotelier Elektrizität in einem Gebäude installiert hat, obwohl die Kritiker fürchteten, sämtliche Gäste im Gebäude könnten gegrillt werden. Einer von vielen Fällen, in denen Hoteliers die Ersten waren, die sich an die ganz großen Innovationen herangetraut haben. Das Prinzip, dem ich bei der Mini-Bar im Kleinen gefolgt bin, ist in der Geschichte zahllose Male auf einen revolutionären Maßstab hochskaliert worden. Es hat zu revolutionären Veränderungen geführt. Ohne die großen Pioniere unter den Hoteliers würde unsere Lebenswelt heute anders aussehen. Ohne César Ritz würden Sie dieses Buch womöglich immer noch bei Kerzenlicht lesen. Ein weiteres Beispiel für Innovationskraft ist Lorenz Adlon: Er hat als Erster fließendes warmes und kaltes Wasser in den Badezimmern des alten „Hotel Adlon" installiert. Ohne ihn würden wir also immer noch … Lassen wir das lieber.

Hätten nur diese beiden Pioniere sich nach den Gegenstimmen gerichtet, unsere Lebenswelt wäre heute eine andere. Hätten die Entwickler sich nach Bill Gates' Einwand gerichtet, Tablet-Computer seien zu unhandlich, um sich durchzusetzen, wie würden Sie dann abends im Hotel noch schnell 80 Mails beantworten, während Sie verzweifelt versuchen, sich mit dem Inhalt der Mini-Bar zu betrinken?

Ohne die Freiheit, sich von den Gegenstimmen unabhängig zu machen, bleibt Innovation ein frommer Wunsch. Als Leader brauchen Sie ein dickes Fell, wenn Sie etwas verändern wollen – denn die COMOs werden nicht aufhören zu verhindern. Der Mathematiker und Autor Gunter Dueck hat das wunderbar beschrieben: Unternehmen haben genau wie unser Körper ein Immunsystem, das jede neue Idee erst einmal wie eine Störung behandelt. Die Kunst der Innovation, sagt er, bestehe darin, neue Ideen unerschrocken, unerschütterlich und gegen alle Widerstände trotzdem durchzusetzen.[46]

„TROTZDEM"
ist das Wort der
INNOVATION.

Und was sagt einer wie Gunter Dueck über das Monkey Business (wiederum ohne es so zu nennen)? Er betrachtet viele Manager als ewig gestrige Bestandswahrer, die das Neue höhnisch verlachen, um sich nicht neu erfinden zu müssen. Für ihre Zukunft hat er eine klare Prognose parat: „Lachende Unternehmen gehen unter."[47] Fast jede neue Idee wird erst einmal verlacht. Als die Eisenbahn erfunden wurde, haben die Kritiker behauptet: Mit diesen Geschwindigkeiten kann der menschliche Körper nicht umgehen. Und tatsächlich haben auf den ersten Fahrten ein paar Leute aus dem Fenster gekotzt. Warum? Weil sie es nicht gewohnt waren. Heute rasen wir mit 250 im ICE durch die Landschaft. Es sei denn, es sind über 25 Grad. Als das Automobil erfunden wurde, sagten die Eisenbahner: Wer soll das brauchen? Heute ist die Automobilindustrie eine tragende Säule unserer Wirtschaftsleistung – und wird gerade von neuen Mobilitätsidealen à la Tesla gekapert. 1981 war Bill Gates sich noch sicher: „Mehr als 640 Kilobyte Speicher werden Sie niemals brauchen." Wie viel hat heute Ihr Smartphone? Locker so viel wie damals 25.000 Computer.

Sie fragen sich, warum einer wie Bill Gates dann zu einem der erfolgreichsten Leader der Geschichte und einem der reichsten Männer der Welt werden konnte? Weil er aus seinen Fehlern gelernt hat. Weil er sie eingesehen, eingeräumt, korrigiert und dann produktiv genutzt hat. Wir sind eben alle ein bisschen COMO. Gerade Bill Gates ist der Beweis, dass Hoffnung besteht für den COMO in uns. Wenn Sie das nächste Mal eines Besseren belehrt werden, denken Sie an den Gründer von Microsoft.

Innovation ist auch die Freiheit, IRRTÜMER in ERFOLGE zu verkehren.

Wenn Leadership Innovationen liefern soll, dann geht es nicht um die Eigenheiten des Systems. Dann geht es um das System an sich. Und wenn das System zur Disposition steht, dann werden endlich auch die Barrieren infrage gestellt, die der Führung immer im Weg gestanden haben. Diese Barrieren stehen nämlich nicht nur zwischen Führungskräften und Mitarbeitern, zwischen Mitarbeitern und ihren Potenzialen und zwischen Ihnen und Ihren besten Entscheidungen. Diese Barrieren stehen auch zwischen Ihrem Unternehmen und den Innovationen, in denen die Zukunft steckt. Das ist die eigentliche Herausforderung an der Innovation als Führungsaufgabe: dafür zu sorgen, dass neue Ideen auch tatsächlich umgesetzt werden und nicht an den Zweifeln der COMOs scheitern.

Innovation ist nicht das Schwierige. Das Schwierige ist, die Innovation durchzusetzen.

DER MUT, NEU ZU DENKEN: INNOVATIV WERDEN UND BLEIBEN

Aber wie kommen die neuen Ideen eigentlich in die Welt? Wo holen wir sie her? Wer hat sie, und was müssen wir für denjenigen tun, damit er sie uns gibt?

Es gibt viele Theorien darüber, wie Innovation funktioniert. Der US-amerikanische Ökonom Peter Drucker war in den 1980er-Jahren noch der Meinung, dass Innovation nur über systematische Prozesse zu haben ist. Seine Theorie der „systematischen Innovation" ist das Herzstück des Innovationsmanagements in den meisten Unternehmen, denn sie baut Innovation vor allem auf Faktoren mit geringem Risiko auf: Demografie, der Notwendigkeit von Prozessen und Veränderungen in der kollektiven Wahrnehmung.[48] Doch diese Faktoren spielen in unterschiedlichen Branchen eine unterschiedlich große Rolle. Der Faktor der Demografie etwa stößt beim hybriden Kunden an seine Grenzen: Ein Kunde, dessen Bedürfnisse je nach Anlass drastisch schwanken können, ist etwa in der Hotellerie kein verlässlicher Anhaltspunkt mehr für Innovation. Wenn etwa ein Business-Hotel sich auf „den Manager" ausrichtet, wer ist dann gemeint? Der COMO mit den grauen Schläfen im Maßanzug, der zum Lachen in den Keller geht und vor dem Schlafengehen seine Unterhosen symmetrisch in den Koffer faltet? Oder den jungen Entrepreneur, der in der Jogginghose zum Check-in aufschlägt und auf einem veganen Frühstück besteht, aber bitte nicht vor 10 Uhr? Und wieder ein anderer Geschäftsmann bucht fürs Geschäft vielleicht grundsätzlich das Budget-Hotel, während es beim Liebeswochenende mit der Verlobten in Paris nicht luxuriös genug sein kann.

Der hybride Kunde stellt die systematische Innovation auf eine harte Probe: Für ihn müssen wir ständig flexibel bleiben und Innovation sehr schnell, sehr spontan und vor allem ohne Unterlass betreiben. Das geht nur bedingt systematisch und auch nur bedingt durch die Adaption bestehender Prozesse, die bei Drucker den zweiten Innovationsfaktor ausmachen. Vom dritten, den Veränderungen gesellschaftlicher Wahrnehmungen, ganz zu schweigen: So schnell können wir den Wunsch nach einer minimalistischen Gestaltung von Hotels gar nicht umsetzen, wie dieser Trend schon wieder dahin und opulente Designs plötzlich wieder in Mode sind.

William Lazonick, ein Wirtschaftsprofessor, sprach 2004 von „indigenous innovation".
„Indigenous" heißt so viel wie „eingeboren", hier also: hausgemacht. Demzufolge entsteht Innovation aus kollektivem Lernen innerhalb der Organisation.[49] Die Risiken
dieser Theorie liegen darin, dass sie eine der Strukturschwächen des Monkey Business
übernimmt, wenn die Beteiligten dem nicht konsequent entgegenwirken: Äußere Ein-
flüsse sind für manche Innovationsprozesse schwer vermeidbar. Solange das System
hermetisch abgeriegelt bleibt, kann diese Form der Innovation nur funktionieren,
wenn alle notwendigen personellen, intellektuellen und auch materiellen Ressourcen im Unternehmen vorhanden sind. Sonst bleibt die Innovation von vornherein
beschränkt. Indigenous Innovation ist aus unternehmerischer Sicht erfreulich, wenn
sie funktioniert – als alleiniges Innovationsprogramm an globalen Märkten jedoch ris-
kant. Die chinesische Regierung etwa verfolgt derzeit ein Programm der Indigenous
Innovation, mit dem sie China allein mit national vorhandenen Wissensressourcen zur
führenden Technologiemacht machen will. Einige der Eckpunkte dieses Programms
schrecken jedoch Entrepreneure und Investoren aus dem Ausland ab, die an dieser
Entwicklung teilhaben könnten – was dazu geführt hat, dass die chinesische Regierung
in einigen restriktiven Punkten bereits zurückgerudert ist.

Clayton M. Christensen nannte seine Theorie „disruptive Innovation".[50] Diese Form der Innovation macht den Platzhirschen in jeder Branche besondere Angst, weil sie unerwartet ist. Sie funktioniert quasi kontraintuitiv: Ein Produkt oder ein Service wird auf eine Art und Weise verbessert, mit der der Markt nicht rechnet. Zum Beispiel, indem radikal mit den gängigen Preisen oder Zielgruppen gebrochen wird. Oder gleich mal mit der kompletten Geschäftsgrundlage, wie das Beispiel Netflix deutlich zeigt. Der US-amerikanische Streaming-Dienst ersetzt rund um die Welt schon heute Millionen von Menschen das Fernsehen und das Kino gleichermaßen. Car-Sharing-Dienste sind ein weiteres Beispiel. Nicht umsonst stellt ein Autobauer nach dem anderen sein Geschäftsmodell von „Autos bauen" auf „Mobilität" um: Disruptive Unternehmen wie Uber drohen den Giganten bei all jenen Kunden das Wasser abzugraben, die keinen Grund dafür sehen, ein eigenes Auto zu besitzen, wenn doch überall welche rumstehen.

Und dann gibt es Robert D. Austins Theorie von der zufälligen Innovation, die nicht planbar ist.[51] Sozusagen die Antichrist-Theorie unter den Innovationsmodellen, das Gegenbild zu Druckers systematischer Innovation. So entstanden Penicillin, Teflon, Nylon und sogar die Cornflakes: zufällig. Irgendwas ging schief, irgendjemand irrte sich, irgendjemand entdeckte auf der Suche nach dem nächsten großen Ding ein ganz anderes großes Ding – und war schlau genug, die Gelegenheit beim Schopfe zu packen. Diese Form der Innovation ist die riskanteste, die am wenigsten planbare und auch jene, die die größte mentale Barrierefreiheit verlangt. Wenn Sie nach einem Mittel gegen Bluthochdruck suchen und feststellen, dass es Ihren Probanden zwar kein Stück besser geht, die Männer das Zeug aber seltsamerweise trotzdem unbedingt weiter einnehmen wollen, dann können Sie das ignorieren und das Experiment für gescheitert erklären. Oder Sie können nachfragen, was genau den Männern denn so gut gefällt an Ihrem Medikament. Und dann können Sie es Viagra nennen, und der Rest ist Geschichte.

Vier Theorien über Innovation, vier Arten, über Kundenbedürfnisse nachzudenken, vier Haltungen – die alle unterschiedliche Auswirkungen darauf haben, wie wir unsere Unternehmen führen. Wer auf disruptive Innovation setzt, muss ganz anders führen als jemand, der auf systematische Innovation setzt. Je mehr Gewicht der Komponente Spontaneität zukommt, je schneller und radikaler der Wandel des betreffenden Marktes vonstattengeht, desto wichtiger ist die Freiheit zum Umdenken und zur Reorganisation innerhalb des Unternehmens. Je stärker ein Unternehmen auf Innovationsfähigkeit als definierenden Erfolgsfaktor setzt, desto weiter muss es sich vom Monkey Business entfernen.

NON-KONFORMISTEN SIND DIE BESSEREN LEADER

Nun ist die Notwendigkeit von Innovation kein neuer Wirtschaftsfaktor. Was sich verändert hat, ist die Geschwindigkeit, deren größter Treiber die Digitalisierung ist. Doch auch in der Vergangenheit stand Führung vor der Aufgabe, Innovation zu integrieren und zu ermöglichen. Die Frage liegt daher nahe: Wie sind all diese Theorien entstanden? Durch Adaption an die Realität. All diese Theorien beruhen auf Beispielen, nein: Erfolgsgeschichten. Die Theorien über Innovation verändern sich mit der Unternehmenslandschaft. Sie reflektieren das, was gerade geschieht.

In den meisten Unternehmen funktioniert Leadership genauso. Adaptiert wird immer das Modell, das gerade gefragt ist. So kann Leadership aber nie in die Zukunft gerichtet sein und vor allem nicht dem ungeheuren Druck und der Geschwindigkeit standhalten, die die Digitalisierung uns auferlegt. So entsteht keine Innovation *im* Leadership, sondern nur Leadership durch die Innovationskraft *anderer*. So werden wir nicht besser, sondern nur gleicher.

„Viele junge Leader werden irgendwann auf ihrem langen Weg zu Sklaven dessen, was ist – anstatt Gestalter dessen, was werden könnte." (John Gardner)

Wenn wir etwas Neues schaffen wollen, wenn wir dem radikalen digitalen Umbruch in unseren Branchen gerecht werden wollen, liegt unsere größte und vielleicht einzige Chance darin, dass wir uns mutig über das Bestehende hinwegsetzen. Das Immunsystem aushebeln und über die Reizschwelle gehen. Über den Schmerz hinweg. Über die Billionen von Gegenstimmen hinweg. Innovation und Leadership beruhen auf derselben Haltung:

STUR sein.
OBSESSIV sein.
FREI werden.

Der US-amerikanische Professor Adam Grant, Autor des Buches *Originals*, forscht zum Thema Konformismus versus Non-Konformismus. Er hat die Rolle der Konformisten in der Gesellschaft und in Unternehmen beleuchtet und kommt zu dem Schluss: „Konformität ist gefährlich. Konform zu sein bedeutet, anderen Menschen nicht deshalb zu folgen, weil du an ihre Ideen glaubst und ihre Ideen teilst, sondern weil du dazugehören willst."[52]

Dazugehören – ein grundegoistisches Motiv, für das es gewiss viele gute Gründe gibt. Gefühlte Sicherheit zum Beispiel. Doch diese gefühlte Sicherheit ist trügerisch, wenn der Vergleich uns nicht vom Konkurrenten absetzt, sondern uns ihm näher bringt, uns ihm gleicher macht. Konformität ist ein Teil der COMO-DNA. Doch wenn Führung Unternehmen durch immer schnelleren Wandel, immer ausdifferenziertere Märkte und wachsende, immer ähnlichere Konkurrenz hindurch zu nachhaltigem Erfolg navigieren soll, dann ist Konformität eine der schlechtesten Eigenschaften, die man als Führungskraft mitbringen kann.

Die Zukunft gehört den Non-Konformisten, denn KONFORMITÄT ist das Gegenteil von INNOVATION.

Natürlich können wir stattdessen weiter das Monkey Business verwalten. Wir können dem Schmerz ausweichen und auf den alten Regeln bestehen. Die neue Form der Kundenorientierung, die die Digitalisierung ermöglicht und befördert – Transparenz, Interaktion und Einbeziehung des Kunden –, können wir ausblenden, solange es eben geht. Doch sind wir bereit, den Preis zu bezahlen? Banken, Autokonzerne und die Unterhaltungsindustrie etwa haben bereits schmerzliche, existenzbedrohende Erfahrungen mit der Verweigerungshaltung gemacht.

Verweigerung ist keine Führungshaltung, denn Verweigerung ist rückwärtsgewandt.

Innovationsbereitschaft dagegen zeugt von einer Haltung, die sich sehr gut dazu eignet, ein Unternehmen in die Zukunft zu führen: mentale Barrierefreiheit. Freiheit im Denken bedeutet ja nicht, dass Führung aus waghalsigen Stunts und verantwortungslosen Entscheidungen bestehen müsste. Das verhindert die Säule der Verantwortung. Ohne sie ist Freiheit nichts. Die erfolgreichsten unter den Non-Konformisten, betont Adam Grant, sind oft gerade nicht diejenigen, die die größten Risiken eingehen – sondern jene, die Konsequenzen mitdenken und einen Plan B haben.[53] Als Beispiel führt er Bill Gates an: Der habe nicht, wie der geläufige Mythos lautet, alles auf eine Karte gesetzt, das College abgebrochen und gegen jede Vernunft Microsoft gegründet. Vielmehr hat er erst ein Urlaubssemester genommen, falls es doch nichts wird mit der Entrepreneur-Karriere. Zudem hatte er bereits ein Jahr lang erfolgreich Software verkauft und wurde von seinen Eltern finanziell unterstützt, als er diesen Schritt ging.

Wie wir schon gesehen haben, hat sich auch ein Bill Gates zudem durchaus mal heftig geirrt. Es scheint, als ob die großen Innovatoren nicht unbedingt die unfehlbaren Macher mit dem untrüglichen Instinkt sind, als die sie uns immer verkauft werden. Vielmehr sind sie Unternehmer, die nicht aufgeben. Die weitermachen, die sich nicht von ihrem positiven Wahnsinn abbringen lassen und die auch Rückschläge wegstecken können. Deshalb ist Bill Gates heute der reichste Mann der Welt. Nicht weil er ein unfehlbares Genie wäre, mit irgendeinem Leader-Gen, das sich nicht reproduzieren ließe. Sondern weil er *trotzdem* weitergemacht hat. Dasselbe lässt sich über Richard Branson sagen, über Steve Jobs und über all die anderen Pioniere, die hier schon erwähnt wurden: Sie haben sich nicht aufhalten lassen, von nichts und niemandem, nicht einmal von ihren eigenen Zweifeln. Sie sind Helden des „Trotzdem" und deshalb innovativ.

Es ist ein Gerücht, dass wir waghalsige Risiko-Junkies sein müssten, um Non-Konformisten zu sein. Einen großen Schritt in Richtung Innovationsfähigkeit haben wir schon getan, wenn wir uns für den Wandel öffnen, ihn akzeptieren und ihn schließlich mitgestalten wollen, anstatt ihn zu verweigern.

Das bedeutet mentale Barrierefreiheit: den WANDEL sehen und an seine MACHBARKEIT glauben.

WO BEGINNT INNOVATION IN DER FÜHRUNG?

Diese Haltung der Barrierefreiheit ist die Voraussetzung für Innovation, ganz besonders für digitale Innovation, in die wir in den meisten Branchen noch hineinwachsen. Eine Haltung allein macht allerdings noch keinen Erfolg. Natürlich können Sie Innovation nicht allein stemmen. Sie sind darauf angewiesen, dass Menschen Ihren Visionen folgen und Ihren Weg mitgehen. Sie brauchen Ansatzpunkte, um Innovation praktisch umsetzbar zu machen. Und Sie brauchen operative Werkzeuge, damit aus Ideen die Erfolge der Zukunft werden können.

Wir haben schon festgestellt, woher die meisten Ideen kommen und wer sie umsetzt: Mitarbeiter, die entscheiden und gestalten wollen und dürfen. Diese frohe Botschaft wird bei der Frage nach Innovationsfähigkeit gern übersehen: Den größten Innovationsfaktor haben Sie längst im Unternehmen. Er heißt Tobias oder Daniela oder Juan oder Fei-Ling und arbeitet bei Ihnen. Die Frage ist: Wie holen wir die Innovationskraft aus unseren besten Leuten raus? Wie kann Leadership die Barrieren entfernen, die Innovation verhindern? Packen wir es so an: Welche Barrieren gibt es in den meisten Unternehmen? Schauen wir uns mal ein paar klassische Schranken an, die unser Denken und unser Führen behindern. Ein paar haben wir schon benannt.

Typische Innovationsbarrieren in Unternehmen

- Hierarchien und Organigramm
- Status- und Titeldenken
- Ressourcen und Budgets

In vielen Unternehmen ist es (noch) nicht realistisch, die Hierarchien abzuschaffen. Doch wir müssen nicht in den Schemata einer Hierarchie denken, wenn wir führen. Solange wir unser Führungsdenken nicht befreien, können wir nämlich auch die kreativen Potenziale unserer Mitarbeiter nicht befreien. Der beste Grund, nicht in Barrieren und Schemata zu denken, ist der beste Grund, den es in der Wirtschaft überhaupt gibt, der Dreh- und Angelpunkt für alles und ganz besonders für die Innovation: der Kunde.

Den Kunden interessieren die Schemata, auf denen wir Führung aufbauen, überhaupt nicht. Den Kunden juckt es nicht, warum Sie was wie entschieden haben. Der Kunde will nicht wissen, warum irgendetwas nicht geht. Der Kunde möchte einzig und allein, dass seine Bedürfnisse erfüllt werden. Kundenzufriedenheit kennt keine Titel, Budgets oder Organigramme.

Kundenzufriedenheit kennt keine BARRIEREN, sondern nur ERGEBNISSE.

Den Kunden interessiert nur das Ergebnis, das sein Bedürfnis erfüllt oder eben nicht. Und diese Bedürfnisse verändern sich schneller und radikaler, als die Theorien über Innovation und irgendein einzelner Management-Trend es jemals abbilden könnten. Das gilt natürlich ganz besonders für den digitalen Kunden. Der hat nämlich keine Geduld mehr. Er gewöhnt sich zum Beispiel zunehmend daran, dass er wahnsinnig schnell und gleichzeitig wahnsinnig individuell bedient wird. Und er ist auch wahnsinnig schnell bei der Konkurrenz, wenn seine Erwartungen enttäuscht werden. In der Grand-Hotellerie spüren wir den Druck, der daraus erwächst, schon lange: Eine Zimmerbuchung über einen Online Travel Agent (OTA) geht zwar nicht wirklich schneller als über die hoteleigene Buchungsmaske – aber für den Kunden wenigstens gefühlt billiger. Jedenfalls, bis er umbuchen möchte oder auf anderweitige Services zugreifen will, die nur das Hotel selbst bieten kann oder die Airline oder jeder andere Service-Anbieter, der in diesen Tagen ums Überleben kämpft. Gleichzeitig möchte dieser Kunde, der nicht einmal mehr persönlich bei uns bucht, maximal individuell betreut werden – und das ist sein gutes Recht. Der Kunde kann verlangen, was er will. Wir können uns darauf einstellen und Lösungen finden oder eben nicht. Überleben werden wir nur, wenn wir innovativ sind.

Um den oft schwankenden Bedürfnissen des hybriden Kunden und den komplexen Bedürfnissen des digitalen Kunden Rechnung zu tragen, brauchen wir Kreativität und den Mut, Neues zu wagen. Wie soll das funktionieren, wenn wir Führung weiterhin an den alten Schemata ausrichten, die die notwendige Innovation an allen Ecken und Enden blockieren?

Innovation beginnt genau da, wo das Monkey Business seine Tücken hat: in der Art und Weise, wie wir führen. In der Bürokratie, in den Prozessen, in der Form der Organisation. Und genau da können wir ansetzen, um sie zu fördern.

Bei Führung geht es nicht so sehr um das Was, sondern vielmehr um das Wie.

YOUR SERVICE SUCKS

Ich möchte Ihnen an einem Beispiel demonstrieren, was Sie tun können. In London führte ich eine Zeit lang ein sehr gediegenes, sehr klassisch orientiertes Grand-Hotel mit typisch britischem Charme. Eines Tages laufe ich in der Lobby einem Stammgast über den Weg und begrüße ihn persönlich, wie sich das gehört. Doch der Lord ist an diesem Tag für meinen Charme offenbar nicht empfänglich. Nach ein paar höflichen Floskeln in feinstem Oxford-Englisch kommt er ungewohnt direkt zur Sache: „Mr Rath, your room service sucks." Zu Deutsch: „Herr Rath, Ihr Room-Service ist zum Kotzen."

Ich weiß in diesem Moment gar nicht, worüber ich mich zuerst wundern soll: darüber, dass solche Vokabeln zum Wortschatz eines Lords gehören, oder darüber, dass ausgerechnet unser Service ihm Anlass gibt, sie zu bemühen. Natürlich frage ich ihn, wo der Schuh drückt. Wie sich herausstellt, muss der Herr immer 40 Minuten auf seinen Tee warten: „40 Minuten für eine Tasse Tee, Mr Rath – das ist obszön." Da kann ich ihm schwerlich widersprechen. Für einen englischen Gentleman mit fester *tea time* ist das „not amusing".

Für mich als Hoteldirektor auch nicht. Ich kann mir das nicht erklären. Es ist ein kleines, feines Grand-Hotel mit nur 60 Suiten und zwei Service-Aufzügen. Wie kann ein Tee in einem so überschaubaren, gut ausgestatteten Haus bloß so lange brauchen?

Die offensichtliche Reaktion wäre gewesen, die Schuld dem zuständigen Service-Mitarbeiter in die Schuhe zu schieben. Den Abteilungsleiter in mein Büro zu delegieren und zusammenzustauchen, auf dass er seine Leute zusammenstauche und ihnen Beine mache. So hätte ein COMO auf den Veränderungsdruck reagiert.

Ein COMO ändert nicht das System, sondern leitet den Druck ab.

Es ist nur so: Diese Leute habe ich alle selbst eingestellt. Sie wissen ja: Talentsuche ist Chefsache. Die sind nicht lahm, die sind verantwortungsbewusst. Wenn der Tee erst nach 40 Minuten beim Gast ankommt, dann deshalb, weil es nicht schneller geht. Offensichtlich stimmt also etwas mit unserem System nicht. Mit dem Großen und Ganzen.

Deshalb rufe ich die relevanten Mitarbeiter aus *allen* Abteilungen und *allen* Hierarchiestufen zusammen und schildere ihnen das Problem. Schon beim Blick in die Gesichter sehe ich meine Vermutung bestätigt: Keiner blickt bestürzt zu Boden, keiner widerspricht. Keine Einwände, keine Rechtfertigungen. Stattdessen nicken alle bestätigend, als ich meiner Entrüstung Ausdruck verleihe.

Als ich einen der Kellner frage: „Stimmt das? Dauert das wirklich 40 Minuten?", antwortet er, ohne zu zögern: „Ja, das kommt hin."

Ich frage ihn, warum. „Die Aufzüge fahren zu langsam", sagt er.

Wie mir später berichtet wird, schaue ich den Mitarbeiter an diesem Punkt an, als sei ihm gerade ein drittes Auge auf der Stirn gewachsen. Das wird ja immer mysteriöser. „Das verstehe ich nicht", erwidere ich. „Unser Hotel ist nicht besonders groß, und die Aufzüge fahren in einem ganz normalen Tempo."

Und dann hebt unerwartet des Rätsels Lösung die Hand. Und zwar in Gestalt der Person, mit deren Wortmeldung ich so gar nicht gerechnet hätte. Nicht jemand aus dem Room-Service, nicht jemand aus der Küche und auch nicht jemand von der Teeplantage. Sondern die Hausdame. „Ich blockiere die Aufzüge mit einem Bierdeckel in der Lichtschranke. Wir alle aus dem Housekeeping tun das."

Dafür bekommt sie einen Blick von mir, als wäre ihr neben dem dritten Auge auf der Stirn noch die passende Sonnenbrille mit drei Gläsern gewachsen. „Wie bitte?!" Ich bin völlig perplex. Wie kann die Hausdame, in meinen Augen eine waschechte Service-Persönlichkeit, so etwas tun? Sie braucht keine Aufforderung, um es mir zu erklären: „Ich muss das tun, um die Wäsche schnell genug zum Abholservice zu bringen. Der Lieferwagen fährt sonst ohne meine Wäsche los."

„Ja, dann soll der Lieferwagen eben eine halbe Stunde auf Sie warten", gebe ich irritiert zurück.

„Kann er nicht."

„Wieso kann er das nicht?"

„Weil wir zu wenig Wäsche haben! Wenn er zu spät losfährt, kommt die nächste Ladung frische Wäsche nicht rechtzeitig wieder hier an."

Problem gelöst! Ich gebe einfach mehr Budget für Wäsche frei. Das verschafft der Hausdame Zeit, einen Tag mehr für die Wäsche zu gewinnen. Jetzt kann sie entspannt auf den Aufzug warten, anstatt ihn zu blockieren, weil sie genug Wäsche für den nächsten Tag hat. Die Aufzüge bleiben frei, und so kann der Room-Service schneller liefern.

Bei seinem nächsten Besuch wenig später begegne ich dem Lord erneut in der Lobby. Er strahlt mich an und sagt: „Mr Rath, Ihr Room-Service ist nicht mehr zum Kotzen! Danke, dass Sie den Kellnern Beine gemacht haben."

Ich lächle und lasse ihn wissen: „Ich habe niemandem Beine gemacht. Ich habe nur der Hausdame Wäsche gekauft."

Offenbar habe ich das falsche englische Wort für „Wäsche" gewählt. Der Lord sieht mich an als hätte ich gerade einen schlüpfrigen Witz über die Queen gemacht, und geht seiner Wege.

Was sagen Sie dazu? Ein Problem mit dem Room-Service, gelöst über das Wäschebudget. Ein Beispiel aus der täglichen operativen Praxis, das veranschaulicht: Innovation auf Produkt- oder Service-Ebene setzt die Bereitschaft zur Innovation auf der Führungsebene voraus.

Schauen wir noch einmal auf die Liste der Schranken: Wie ist dieses Problem entstanden, und wie wurde es gelöst? Gleich mehrere Barrieren haben hier der Kundenzufriedenheit im Weg gestanden:

- Hierarchie: Die Hierarchie hat verhindert, dass die Hausdame aus eigenem Antrieb auf das Problem aufmerksam gemacht hat. Sie hat es für sich pragmatisch in Eigenregie gelöst, nur hat sich das negativ auf andere Bereiche ausgewirkt.
- Titel- und Statusdenken: Beide haben wahrscheinlich auch darauf eingewirkt, dass sie als Hausdame nicht in eine Managemententscheidung, nämlich das Wäschebudget, hineinreden wollte. Sonst hätte sich die Dame wohl proaktiv über zu wenig Wäsche beschwert.
- Organigramm/Abteilungen: Hätte dieses Problem abteilungsintern gelöst werden können? Nein. Das Problem lag nicht bei Food & Beverage (F&B), also der Gastronomie-Abteilung. Hinzu kommt: Gerade wegen des Abteilungsdenkens ist es nicht einmal aufgefallen. Auch der Kellner hat sich an dieser Stelle von einer Denkbarriere ausbremsen lassen – sonst hätte er sich getraut, offen zu hinterfragen, wie es sein kann, dass er so lange auf die Aufzüge warten muss.
- Ressourcen: Normalerweise hätte die Abteilung F&B wahrscheinlich versucht, das Problem über ihr Budget zu lösen. Zum Beispiel für mehr Kellner. Oder eben nicht, wenn keine Ressourcen für zusätzliche Arbeitskräfte bereitgestanden hätten. Geän-

dert hätten Neueinstellungen oder andere Anpassungen bei F&B: nichts. Die zusätzlichen Ressourcen wären verschwendet gewesen. Der Flaschenhals lag schließlich bei den Ressourcen einer anderen Abteilung.

Erst die üblichen Denkbarrieren bei Hierarchie, Organigramm und auch Ressourcen zu umgehen, hat in diesem Fall überhaupt die Lösung des Problems möglich gemacht.

FREIRAUM FÜR INNOVATIONEN SCHAFFEN: DUALE SYSTEME

Das Tee-Phänomen ist nichts Geringeres als ein Anwendungsbeispiel in einfachstem Rahmen für das Werkzeug, das ich Ihnen versprochen habe: Solche Lösungs- und Entscheidungssysteme werden „duale Systeme" genannt. Falls Sie sich fragen: Nein, mit dem grünen Punkt hat das rein gar nichts zu tun. Duale Systeme dienen der Innovationsfähigkeit auf der Führungsebene – und bilden damit die Voraussetzung für die Innovationskraft des Unternehmens auf operativer und produktiver Ebene. Denn sie machen einer äußerst gängigen Denkbarriere den Garaus, die geradezu stilbildend für das Monkey Business ist:

Duale Systeme suchen nicht nach dem SCHULDIGEN, sondern nach dem KERN des Problems.

Duale Systeme, also Systeme, die auf zwei voneinander nicht abhängigen Instanzen bzw. Gruppen aufbauen, setzen kreative Potenziale frei, indem sie die Relevanz vom Kopf auf die Füße stellen. Werden Probleme oder neue operative Herausforderungen vor dem Hintergrund des üblichen Hierarchie-, Abteilungs-, Ressourcen- und vor allem Schuld-Denkens angepackt, liegt der Fokus auf den Schranken: Wie können wir das Problem mit systemeigenen Mitteln lösen, ohne dem System einen Kratzer zuzufügen? Duale Systeme machen nicht vor den Mechanismen des Systems halt, sondern suchen nach der pragmatischen Lösung, indem sie einen anderen Blickwinkel einnehmen, nämlich die rein ergebnisorientierte Sichtweise des Kunden. Sie blendet die Betriebsblindheit aus und wirkt wie eine externe Vogelperspektive. Duale Systeme legen den Fokus einzig und allein auf die Kundenzufriedenheit.

Die Kundenzufriedenheit ist der GEMEINSAME NENNER aller Abteilungen, aller Prozesse, aller Mitarbeiter.

Deshalb ist die Kundenzufriedenheit der einzige verlässliche Maßstab für Innovation, sowohl interner als auch externer Art, auf Führungs- und Produktebene: Als produktiv kann Innovation erst gelten, wenn sie sich direkt auf die Ergebnisebene auswirkt. Das bedeutet: Innovation muss immer direkt der Kundenzufriedenheit dienen. Nicht nur die Produktinnovation, sondern auch die Innovation auf der Führungsebene. Auch Veränderungen im Management, ja jede einzelne Führungsentscheidung ist immer an der Relevanzfrage der Führung zu messen: Was hat der Kunde davon?

Wenn wir mit unserer Managementberatung für Kundenbegeisterung, RichtigRichtig. com, Unternehmen auf strategischer Ebene beraten, beziehen wir dabei immer diese operative Sichtweise ein. Sehr oft erweist sich der Einsatz von dualen System dabei als sinnvolle, weil sowohl effiziente als auch effektive Maßnahme. Das häufigste Anliegen unserer Kunden, eine direkte Folge der Führung durch Abhängigkeiten, ist die mangelnde Innovations- bzw. Erneuerungsfähigkeit. Daraus resultiert das Risiko, an den sich neu formierenden Märkten den Anschluss zu verlieren. Eine vielfach bewährte Form eines dualen Systems richtet sich direkt gegen die Denkbarrieren des Monkey Business: Wir bilden im Unternehmen des Kunden ein duales System. Wie der Name schon sagt, besteht es aus zwei Komponenten, die in ihrer Entscheidungs- und Handlungsfreiheit nicht durch gegenseitige Abhängigkeiten eingeschränkt sein dürfen, sondern sich operativ ergänzen: einer Innovationsgruppe und einer Steuerungsgruppe.

Duale Systeme als Innovationstreiber

Innovationsgruppe	Steuerungsgruppe
• Eine Innovationsgruppe besteht aus freiwilligen Vertretern aller relevanten Bereiche und aller relevanten Ebenen.	• Die Steuerungsgruppe besteht aus Führungs- und Fachkräften und soll die Entscheidungen der Innovationsgruppe ermöglichen.
• In dieser Gruppe gibt es keine Hierarchien, jeder ist im Rahmen der gemeinsamen Aufgabe ein gleichwertiger Partner.	• Sie ist so zusammengesetzt, dass sie zügig operative Führungsentscheidungen treffen kann.
• Gemeinsam nehmen die Mitglieder Probleme und aktuelle Herausforderungen unter die Lupe und analysieren sie kontextübergreifend.	• Die Aufgabe der Steuerungsgruppe besteht darin, die Umsetzung der Ideen aus der Innovationsgruppe sicherzustellen.
• Die Innovationsgruppe stellt die Frage nach dem Was, ganz besonders aber die Frage nach dem Warum.	• Die Steuerungsgruppe stellt vor allem die Frage nach dem Wie.

Dass die Innovationsgruppe kontextübergreifend arbeitet, bedeutet: über Abteilungen hinweg, über deren Budgets hinweg und sogar über das Unternehmen hinaus. Eine Innovationsgruppe bezieht jeden möglichen externen Faktor ebenso ein wie alle internen Faktoren. Sie richtet ihren Blick also auch in Richtung Zulieferer, Geschäftspartner und vor allem Kunden. Wenn es hier um Probleme und Herausforderungen geht, dann immer mit dem Fokus darauf, was sie für den Kunden bedeuten und wie eine Lösung die Kundenerfahrung verbessern kann.

Die Steuerungsgruppe als zweites Element des dualen Systems dient nicht etwa als Führungsinstrument im Sinne einer Kontrolleinheit, sondern im Sinne einer Exekutive. Ihre Aufgabe besteht gerade nicht darin, Ideen zu bewerten und durch Einwände unmöglich zu machen. Ihre Rolle ist eher die einer Exekutive, die die Umsetzung der Ideen ermöglicht, indem sie sie in konkrete Maßnahmen übersetzt und diese einleitet.

Beide Gruppen zusammen bilden ein duales System, das nicht auf gegenseitiger Abhängigkeit und Kontrolle beruht, sondern auf einer klaren Aufgabenteilung: Kreativität auf der einen, Umsetzung auf der anderen Seite. Die Ideen der Innovationsgruppe nützen nämlich nichts, wenn sie als Wandzeitung in der Kantine enden. Wenn die Führung sich darauf einlässt, ist so ein duales System ein Powerhouse für Innovation. In jeder Art von Unternehmen, in jeder Branche. Ein schnelles, unkompliziertes Werkzeug auch für klassisch aufgestellte Unternehmen. Die Voraussetzung dafür, dass es funktioniert: Jeder Teilnehmer muss genügend Freiraum bekommen, sich intensiv einzubringen. Auch hier ist also wieder der Freiraum entscheidend, nicht das System.

Sie glauben gar nicht, wie viele Probleme so überhaupt erst erkannt werden. Und vor allem: wie schnell sie gelöst werden. Das kann ein einzelner Qualitätsmanager gar nicht stemmen. Dem fehlen die Insider-Kenntnisse aus den Bereichen. Meistens kontrolliert er vorhandene Standards, anstatt neue zu setzen. Und vor allem denkt er innerhalb der üblichen Barrieren. Dem klassischen Qualitätsmanagement fehlt die Vogelperspektive. Und wenn – je nach Unternehmensgröße – dem Qualitätsmanagement oder Controlling eine ganze Abteilung gewidmet ist, kommen noch die üblichen Probleme der COMO-Gruppendynamik hinzu: Abteilungsdenken, hierarchische Begrenzungen, Bestandswahrung.

Genau hier liegt der große Vorteil dualer Systeme: Die Führung entfernt damit aktiv die Barrieren, die Innovation verhindern. Die Mitarbeiter bekommen die nötigen Freiräume. Sie werden handlungsfähig. Daraus ergibt sich ein weiterer Vorteil dieses Werkzeugs mit Blick auf die Zukunftsfähigkeit: Sie fördern auch die Mitarbeiterbindung, denn sie bedienen die Bedürfnisse der neuen Mitarbeiter. Sie erinnern sich: Mitsprache und Gestaltungsmöglichkeiten sind die stärksten Treiber der Mitarbeitermotivation.

Stellen Sie sich vor, neben einer Controlling-Abteilung gäbe es in ihrem Unternehmen auch eine Empowerment-Abteilung oder auch eine Steuerungsgruppe in Abteilungsgröße mit allen notwendigen Freiheiten! Eine ganze Gruppe von Menschen, die dafür zuständig ist, die Ideen einer unternehmensweit zusammengestellten Innovationsgruppe mit Vertretern aus allen Abteilungen und allen Hierarchieebenen operativ aufzugleisen. Das wäre eine Gruppe von Führungs- und Fachkräften, die für nichts anderes verantwortlich sind als dafür, Innovationen zur Umsetzung zu bringen. Wäre das nicht eine praktische Alternative zu einer Innovationsabteilung, die oft zu weit weg von den alltäglichen Herausforderungen und vor allem zu weit weg vom Kunden ist?

Es ist nur eine Idee, wie man die üblichen bürokratischen Barrieren im Unternehmen durchbrechen könnte. Wenn wir in klassisch aufgestellten Unternehmen über Innovation nachdenken, dann tun wir das immer mit eingebauten Beschränkungen im Kopf: Wir sortieren jede Idee in den Kontext der bestehenden Organisation ein. Und diese Organisation mit ihren Grenzen ist dann der Maßstab dafür, was möglich ist und was nicht. Natürlich können diese Strukturen, je nach Unternehmensform und Branche, nicht überall gleich flexibel interpretiert werden. Andererseits zeigen auch produzierende Unternehmen wie Loccioni oder Haier, dass es durchaus möglich ist, Innovation anders zu planen und umzusetzen. Auch und ganz besonders, solange es in unseren Unternehmen keine Empowerment-Abteilung gibt oder geben kann, ist notgedrungen jemand anderes dafür zuständig, diese Aufgabe zu übernehmen und die besten Ideen möglich zu machen. Die besten, nicht die bequemsten. Und dieser Jemand, der sich unerschrocken den Billionen Gegenstimmen und den bürokratischen Hürden stellt, darf sich mit Fug und Recht das Etikett anheften, das in vielen Unternehmen stattdessen der König der COMOs für sich beansprucht: LEADER. Wir sind alle ein bisschen COMO – aber wir sind alle auch ein bisschen LEADER. Es ist wie bei den Helden in den Hollywood-Filmen: Die großen Helden haben immer eine dunkle und eine helle Seite, eine machtorientierte und eine gestaltende. Und die Entscheidung, welche Seite gewinnt, trifft der Held am Ende immer allein.

UNTERNEHMEN ZUKUNFTSFÄHIG MACHEN: FREIHEIT ZUR INNOVATION

Innovation, Kreativität, Wandel – im Führungsalltag hört sich das immer so idealistisch an. Ist es ja auch. Die großen Leader sind auf ihre Art alle Idealisten. Aber eigentlich ist es nur ein einziges Ideal, das alles andere möglich macht: *Freiheit*. Und wenn Ihnen das zu groß klingt, dann nennen Sie es „Barrierefreiheit fürs Management".

Unsere BÜROGEBÄUDE müssen aus gutem Grund barrierefrei sein. Warum nicht auch die CHEFETAGE?

Je nachdem, wie tief das Monkey Business sich in den Mechanismus eines Unternehmens – oder einer Persönlichkeit – gefressen hat, desto vorsichtiger wird der Schritt in die Freiheit ausfallen. Das macht nichts. Der Vorteil an der Freiheit ist: Sie ist ein Perpetuum mobile. Hat sie einmal Schwung genommen, ist sie nicht mehr aufzuhalten.

Innovation ist die Königsdisziplin des Unternehmertums – sie erfordert ein gewisses Maß an Mut. Doch erst an ihr lässt sich der Freiheitsgrad eines Unternehmens verlässlich ablesen. Wenn Innovation keine lästige Notwendigkeit mehr ist, sondern der Dreh- und Angelpunkt des Geschäftsmodells, fallen klassische Barrieren ganz von allein. Am Beispiel Haier wird das besonders deutlich: Dort kann jeder Mitarbeiter Innovationen vorschlagen und in kürzester Zeit zum Mikro-Unternehmer aufsteigen. Eine schwierige Vorstellung für klassisch geführte Unternehmen; doch vieles deutet darauf hin, dass in solchen agilen Systemen die Zukunft liegt oder wenigstens ein entscheidender Aspekt der Zukunft von Führung.

Die Führung durch Abhängigkeiten dagegen ist ein Auslaufmodell. Diese Art zu führen verwaltet in erster Linie das Bestehende. Führung hat ihren wahren Zweck jedoch erst erfüllt, wenn sie sich nicht mehr um sich selbst dreht, nicht mehr um das bestehende System, sondern wenn sie sich um die Zukunft dreht.

Wir führen nicht für das Unternehmen, das wir sind – wir führen für das Unternehmen, das wir sein wollen.

Und das können wir nicht, wenn wir Führung durch Organisationsbarrieren und Einwände einschränken, die COMOs erdacht haben, um den Status quo zu bewahren.

Ein Satz drückt für mich die ganze Haltung einer Führung aus, die selbst erneuerungsfähig ist und der Innovation zum Kunden hin den Raum gibt, den sie braucht: Es geht immer um alles. Wenn Sie aus diesem Buch nur einen einzigen Satz mitnehmen, dann bitte diesen. Denn es gibt kein anderes Leitmotiv, das die Freiheit besser zum Ausdruck bringt, die Sie *brauchen,* um innovativ zu bleiben und um als Leader zu wachsen. Um Erfolg zu haben, nachhaltig. Persönlichen Erfolg und Erfolg im Sinne einer gemeinsamen Mission. Dieser Satz drückt alles aus, was wirklich zählt.

Es geht immer um alles.

Innovation: Drei Schritte in die Zukunft

- Machen Sie sich unabhängig von den Billionen Gegenstimmen! Akzeptieren Sie ausschließlich konstruktive Kritik. Duale Systeme blenden Voreingenommenheit aus und schaffen Handlungsfähigkeit.
- Die einzige Leitplanke für Innovation ist die Kundenzufriedenheit. Alle anderen Beschränkungen sind hausgemacht oder nur gedacht. Entfernen Sie die Schranken, die Sie und Ihre Mitarbeiter in ihrer Freiheit blockieren!
- Leadership ist dann besonders effektiv, wenn es sich nicht nach Führung anfühlt, sondern nach Freiheit. Brechen Sie zweckgebunden mit Hierarchien, Organigrammen und Ressourcenplänen!

Die goldene Regel der Innovation:

ECHTE INNOVATION

ist nur in einem

BARRIEREFREIEN SYSTEM

möglich.

EPILOG

FREIHEIT IST UNHEILBAR

Zum Schluss will ich Sie warnen: Wenn Ihnen das mit der Freiheit im Kleinen mal gelungen ist, dann machen Sie weiter. Ich spreche aus Erfahrung. Freiheit ist ein Perpetuum mobile. Eine selbsterfüllende Prophezeiung. Eine einzige Freude. Der Autor Ulf Poschardt hat es so ausgedrückt: „Freiheit ist etwas Radikales und Maßloses. Sie ist gefährlich und fordernd. Sie will Mut und Verantwortung. Fortschritt entsteht, wenn Freiheit radikal gedacht wird. Und erst mal alles infrage stellt."[54]

Das ist ein wichtiger erster Schritt: die richtigen Fragen an die richtige Adresse richten. Fragen wir nicht immer nur danach, was im gegebenen System möglich ist – fragen wir danach, was *der Kunde* davon hat. Fragen wir uns nicht mehr, was unsere Mitarbeiter wohl motivieren könnte – fragen wir *unsere Mitarbeiter*. Fragen wir nicht mehr danach, was irgendein anderer tun würde (Steve Jobs, Gordon Gekko oder Ihr Vorgesetzter) – fragen wir uns, was *wir* tun können. Fragen wir nicht nach Grenzen, fragen wir nach *Chancen*. Fragen wir nicht den COMO in uns – fragen wir den *Leader* in uns.

Nur weil alle anderen anders führen, heißt das noch lange nicht, dass es so richtig ist. Machen wir Einwände nicht zu unseren Leitplanken, sondern nur die Verantwortung. Denn es geht immer um alles.

Wenn Sie damit einmal angefangen haben, werden Sie nicht mehr aufhören wollen. Die Freiheiten, die ich heute genieße, habe ich mir hart erkämpft. Und trotzdem verliere ich diesen Kampf noch heute ständig an irgendeiner Front, während ich an einer anderen gewinne. So ist Führung, und so ist Freiheit: jeden Tag auch ein Kampf. Aber einer, der uns mit Leben erfüllt.

Die FREIHEIT – und nur die Freiheit – ist es wert, jeden Tag für sie zu kämpfen. Freiheit IST UNHEILBAR.

LEADERSHIP-EXCELLENCE: ZEHN SCHRITTE IN DIE FREIHEIT

1. **Lernen Sie den COMO kennen, akzeptieren und überwinden!**

2. **Entscheiden Sie autonom, aber entscheiden Sie nicht alles selbst!**

3. **Excellence entsteht durch Vertrauen, nicht durch Vorgaben!**

4. **Führen Sie Redefreiheit für alle ein!**

5. **Erhöhen Sie den Spaßfaktor Ihres Unternehmens!**

6. **Machen Sie Fehler zur Ressource!**

7. **Entwickeln Sie Menschen, nicht Stellenbeschreibungen!**

8. **Passen Sie das System der Mission an, nicht umgekehrt!**

9. **Widerstehen Sie der Schwarmdummheit!**

10. **Erklären Sie den Kunden zum einzigen Maßstab!**

QUELLENVERZEICHNIS

[1] Klaus Eidenschink, *Mythos Führungsstärke*, in: wirtschaft+weiterbildung 03/13, Haufe 2013, S. 23

[2] Eberhard Hübbe, *Bye Bye Alphatier,* capital.de, 22.04.2016, http://www.capital.de/ themen/bye-bye-alphatier.html (Zugriff am 30.11.2016)

[3] *Aus Freude am Führen,* faz.net, 13.05.2015, http://www.faz.net/aktuell/beruf-chance/neuer-bmw-vorstand-harald-krueger-mit-neuem-fuehrungsstil-13584679 -p3.html (Zugriff am 30.11.2016)

[4, 5, 6] Silja Schriever, *Er ist wahrlich der Chef – gerade weil wir ihn wählen,* Interview mit Stanley Dodds, Berliner Philharmoniker, in: XING: Aufbruch in eine neue Arbeitswelt – das New-Work-Buch, E-Book, XING AG 2016, https://newworkbook.xing.com/

[7] *Wird schon schiefgehen,* in: brand eins 11/2014, S. 35

[8, 9, 10] Maria Zeitler, *Chefs sind als Eseltreiber überflüssig,* Interview mit Gerald Hüther, XING Spielraum, 05.06.2016, https://spielraum.xing.com/2016/06/ chefs-sind-als-eselstreiber-ueberfluessig/ (Zugriff am 30.11.2016)

[11] Oliver Ibelshäuser, *Wie Richard Branson Führung versteht,* Management Journal, 19.07.2015, https://www.management-journal.de/2015/07/19/wie-richard-branson-fuehrung-versteht/ (Zugriff am 30.11.2016)

[12] Maria Zeitler, *Chefs sind als Eseltreiber überflüssig,* Interview mit Gerald Hüther, XING Spielraum, 05.06.2016, https://spielraum.xing.com/2016/06/ chefs-sind-als-eselstreiber-ueberfluessig/ (Zugriff am 30.11.2016)

[13] Sabine Gregersen, *Führungsverhalten – Auswirkungen auf die Gesundheit,* in: BGW-Studie Führung& Gesundheit, BGW online, https://www.bgw-online.de/ SharedDocs/Downloads/DE/Medientypen/Fachartikel/Fuehrung-Gesundheit-Gesundheitsreport_download.pdf?__blob=publicationFile (Zugriff am 30.11.2016)

[14] P. H. Rosen, *Psychische Gesundheit in der Arbeitswelt – Handlungs- und Entscheidungsspielraum, Aufgabenvariabilität,* Bundesanstalt für Arbeitsschutz und Arbeitsmedizin, Dortmund/Berlin/Dresden 2016, http://www.baua.de/de/ Publikationen/Fachbeitraege/F2353-1b.pdf?__blob=publicationFile&v=11 (Zugriff am 30.11.2016)

[15] *Gute Führung stärkt psychische Gesundheit der Mitarbeiter,* personalwirtschaft.de, 29.03.2015, https://www.personalwirtschaft.de/fuehrung/fuehrungsinstrumente/ artikel/gute-fuehrung-staerkt-psychische-gesundheit-der-mitarbeiter.html (Zugriff am 30.11.2016)

[16] Alexandra Borchardt, *Was der Chef wert ist,* sueddeutsche.de, 24.03.2015, http://www.sueddeutsche.de/karriere/mitarbeitermotivation-was-der-chef-wert-ist-1.2407898 (Zugriff am 30.11.2016)

[17] zitiert nach: Nicolas Frangos, *Leaders, Emotional Intelligence & Transformational Leadership – Part 1,* https://www.linkedin.com/pulse/leaders-emotional-intelligence-transformational-part-frangos (Zugriff am 30.11.2016)

[18] Daniel Goleman, *Effective Leaders Know the Science Behind Their Behavior,* danielgoleman.info, 12.03.2016, http://www.danielgoleman.info/effective-leaders-know-the-science-behind-their-behavior/ (Zugriff am 30.11.2016)

[19] Claudio Feser, Fernanda Mayol, Ramesh Srinivasan *Decoding leadership: What really matters,* McKinsey Quarterly 2015, http://www.mckinsey.com/global-themes/leadership/decoding-leadership-what-really-matters (Zugriff am 30.11.2016)

[20] https://www.virgin.com/richard-branson/look-after-your-staff (Zugriff am 30.11.2016)

[21] Towers Watson, *Global Talent Management and Rewards Study 2014,* https://www.towerswatson.com/en/Insights/IC-Types/Survey-Research-Results/2014/08/2014-global-talent-management-and-rewards-study-making-the-most-of-employment-deal (Zugriff am 30.11.2016)

[22] Christian Schuldt, *Das Arbeits-Mindset der Zukunft,* Auszug aus: Youth Economy, Die Jugendstudie des Zukunftsinstituts, September 2015, https://www.zukunftsinstitut.de/artikel/tup-digital/03-from-strategy-to-culture/06-specials/das-arbeits-mindset-der-zukunft/ (Zugriff am 30.11.2016)

[23] Dieter Frey, *Humanvermögen und Produktivität – der Faktor Mensch,* Tagung der evangelischen Akademie Tutzing, 15./16. 11. 2006, Foliensatz, S. 4, https://www.iwkoeln.de/wissenschaft/veranstaltungen/beitrag/69571 (Zugriff am 30.11.2016)

[24] René Borbonus, *Respekt! Wie Sie Ansehen bei Freund und Feind gewinnen,* Econ 2011, S. 8

[25] Matthias Hohensee, Stephan Happel *Die neuen Gesichter des Steve Jobs,* WirtschaftsWoche online, 01.04.2015, http://www.wiwo.de/unternehmen/it/apple-die-neuen-gesichter-des-steve-jobs/11548010-all.html (Zugriff am 30.11.2016)

[26] http://www.spiegel.de/wirtschaft/unternehmen/flughafen-berlin-brandenburg-zu-ehrliches-interview-ber-pressesprecher-gefeuert-a-1086501.html (Zugriff am 30.11.2016)

[27] Lillian Cunningham, *In big move, Accenture will get rid of annual performance reviews and rankings,* The Washington Post online, 21.07.2015,

https://www.washingtonpost.com/news/on-leadership/wp/2015/07/21/in-big-move-accenture-will-get-rid-of-annual-performance-reviews-and-rankings/?utm_term=.10904b5cecf5 (Zugriff am 30.11.2016)

[28] Armin Trost, *In der modernen Arbeitswelt sind Feedbackgespräche sinnlos,* XING Klartext, 26.06.2016, https://www.xing.com/news/klartext/in-der-modernen-arbeits-welt-sind-feedbackgesprache-sinnlos-857 (Zugriff am 30.11.2016)

[29] Marco Nink, *Only 15 % of Employees in Germany Are Engaged,* Gallup Business Journal, 01.07.2015, http://www.gallup.com/businessjournal/183851/employees-germany-engaged.aspx (Zugriff am 30.11.2016)

[30] Shareground/University of St. Gallen, *Arbeit 4.0: Megatrends digitaler Arbeit der Zukunft –* *25 Thesen,* August 2015, https://www.telekom.com/resource/blob/314922/dbface4a7706b76756d1e737aff47691/dl-150902-studie-st--gallen-data.pdf (Zugriff am 30.11.2016)

[31, 32, 33] Mischa Täubner, *Der Animateur,* brandeins, Ausgabe 03/2015, https://www.brandeins.de/archiv/2015/fuehrung/loccioni-der-animateur/ (Zugriff am 30.11.2016)

[34] Philipp Mattheis, *Die Firma der Zukunft hat keine Angestellten mehr,* Interview mit Haier-Chef Zhang Ruimin, WirtschaftsWoche online, 14.05.2015, http://www.wiwo.de/unternehmen/industrie/haier-chef-zhang-ruimin-die-firma-der-zukunft-hat-keine-angestellten-mehr-/11740152.html (Zugriff am 30.11.2016)

[35] Mischa Täubner, *Der Animateur,* brandeins, Ausgabe 03/2015, https://www.brand-eins.de/archiv/2015/fuehrung/loccioni-der-animateur/ (Zugriff am 30.11.2016)

[36] Svenja Hofert, *Studie: Agiles Teamwork ist erfolgreicher als klassische Zusammen-arbeit,* svenja-hofert.de, 16.11.2014, http://karriereblog.svenja-hofert.de/2014/11/studie-agiles-teamwork-ist-erfolgreicher-als-klassische-zusammenarbeit/ (Zugriff am 30.11.2016)

[37, 38, 39, 40, 41] Maren Hoffmann, *Sternekoch Harald Wohlfahrt über Teambuilding – Ich bin Führungskraft, kein Rausschmeißer,* manager magazin online, 28.09.2015, http://www.manager-magazin.de/lifestyle/genuss/sternekoch-harald-wohlfahrt-im-interview-a-1054792.html (Zugriff am 30.11.2016)

[42, 43] Gary Hamel, *Bürokratie muss sterben,* Handelsblatt Nr. 087, 06.05.2016, S. 77

[44] Daniel Rettig, *Worauf die Generation Y Wert legt,* WirtschaftsWoche online, 11.04.2013, http://www.wiwo.de/erfolg/beruf/studie-worauf-die-generation-y-wert-legt/8050 782.html (Zugriff am 30.11.2016)

[45] Berichte von Aussteigern, *Mitarbeiter wurden wie seelenlose Automaten behandelt,* SZ.de, 20.06.2015, http://www.sueddeutsche.de/karriere/berichte-von-aussteigern-albtraum-traumjob-1.2529525-2 (Zugriff am 30.11.2016)

[46, 47] Gunter Dueck, *Das Neue und seine Feinde. Wie Ideen verhindert werden und wie sie sich trotzdem durchsetzen,* E-Book, Campus 2013

[48] Peter F. Drucker, *The Discipline of Innovation,* Harvard Business Review, August 2002 Issue, https://hbr.org/2002/08/the-discipline-of-innovation (Zugriff am 30.11.2016)

[49] William Lazonick, *Indigenous Innovation and Economic Development,* UN Council Chamber, 10.12.2014, http://www.un.org/esa/ffd/wp-content/uploads/2014/12/10Dec14-Lazonick-Presentation.pdf (Zugriff am 30.11.2016)

[50] Clayton M. Christensen, *What Is Disruptive Innovation?* Harvard Business Review, December 2015 Issue, https://hbr.org/2015/12/what-is-disruptive-innovation (Zugriff am 30.11.2016)

[51] Sarah Jane Gilbert/Harvard Business School, *The Accidental Innovator,* 05.07.2006, http://hbswk.hbs.edu/item/the-accidental-innovator (Zugriff am 30.11.2016)

[52, 53] Sarah Green Carmichael, *In Praise of Dissenters and Non-Conformists,* Interview mit Adam Grant, Harvard Business Review Ideacast, 04.08.2016, https://hbr.org/ideacast/2016/08/in-praise-of-dissenters-and-non-conformists.html (Zugriff am 30.11.2016)

[54] Heinrich-Böll-Stiftung, *Freiheit ist etwas Radikales und Maßloses,* https://www.boell.de/de/2015/05/20/freiheit-ist-etwas-radikales-und-massloses (Zugriff am 30.11.2016)

STICHWORTVERZEICHNIS

DER AUTOR

Der Entrepreneur CARSTEN K. RATH ist Keynote-Speaker und Autor zu den The-men Führung und Service. Rund um den Globus hat er Tausende Mitarbeiter geführt und gibt als viel gefragter Vortragsredner den unterschiedlichsten Unternehmen Im-pulse für Kundenbegeisterung. Als Managementberater ist er auf Vorstands- und Ge-schäftsführungsebene international geschätzt und genießt das Vertrauen erfolgreicher Unternehmer und Führungskräfte. www.carsten-k-rath.de

Foto: Kameha Grand Zürich

Liebe Laser,

Wenn man 50 wird, denkt man über den eigenen Lebensweg nach. Und als Unternehmer zieht man dann unweigerlich Schlüsse, wie man sein eigenes Leben und eben auch die Menschen um sich herum tagtäglich so führt. Das hat natürlich viel damit zu tun, wie man selbst geführt worden ist im Laufe des Lebens und wie man sich dadurch entwickelt hat.

Bei mir hat sich aus diesen Betrachtungen ein zentrales Lebensmotiv ergeben, dem ich immer gefolgt bin: Ich will frei sein. Früher war dieses Motiv sicher eher unbewusst, und das hat dann auch mal zu Reibungen und Fehlentscheidungen geführt. Heute arbeite ich ganz bewusst auf dieses Ziel hin, jeden Tag ein bisschen freier zu sein. Und ich möchte die Menschen um mich herum ermutigen, auch ihre Freiheit zu entdecken und zu leben. Weil ich weiß, wie schwierig dieser Weg ist.

Auf meinem Weg gab es mehrere Meilensteine, die mein Verhältnis zur Freiheit geprägt haben. Und damit auch meine Art zu führen.

Die Unfreiheit der Jugend
In meinen jungen Jahren war ich sehr unfrei, wie die meisten Menschen – damals noch mehr als heute. Meine Ausbildung als Hotelfachmann habe ich am Titisee absolviert, im hintersten Winkel des Hochschwarzwalds. Im Klartext: Terrassenkellner in Polyesterhosen. Mein Ausbilder war ein echter kleiner Napoleon: Hierarchie, Kontrolle und der ganze Bullshit, der dazugehört. Wenn ich nicht gerade in der sengend heißen Sonne auf der Terrasse „Schwarzwälder Kirsch" servierte, nahm ich Forellen aus. Nichts hasste ich mehr – und deswegen ließ mein Chef es mich besonders oft tun. Von ihm habe ich gelernt, wie Führung Mitarbeiter vergrault. Und Kunden übrigens auch. Jahrelang war ich gefangen auf der untersten Ebene mit ihren Zwängen und Abhängigkeiten. Und das waren prägende Jahre – das schüttelt man nicht so leicht ab.

Unfrei aus freier Entscheidung
Deshalb war es auch nur logisch, dass ich im zweiten Schritt selbst zu einem Corporate Monkey wurde. Zu einem dieser Menschen, die sich nach der Kokosnuss recken. Das will ich gar nicht beschönigen – das war eine freie Entscheidung, und dafür trage ich

allein die Verantwortung. In dieser Phase stand die Karriere im Mittelpunkt. So wurde ich zum Generalmanager eines „Kempinski Grand Hotels", zum ersten Hotelmanager des wiedereröffneten Adlon, zum CEO bei der Arabella Holding, zum Geschäftsführer bei Robinson und vieles mehr. Immer höher, schneller, weiter. Ich tauchte so richtig ein in die Corporate-Welt. Da gab es bestimmt viele Tage, an denen meine Mitarbeiter mich auch als typischen Führungs-Monkey erlebt haben.

Aber gleichzeitig erlebte ich die Unfreiheit auch wieder selbst am eigenen Leib. Und ich weiß: Das geht ganz vielen Führungskräften so, jeden Tag. Obwohl ich meistens der Chef war, konnte ich letztlich keine eigenen Entscheidungen treffen. Immer musste ich mich nach einem Gremium, einer Richtlinie und einem kleinsten gemeinsamen Nenner richten. Und darunter litt ich. Warum? Weil ich erlebt hatte, wo das hinführen kann, mehr als einmal.

Nach dem Regelbuch war das ein gutes Leben, als Corporate Monkey. Aber das war keine Freiheit. Nicht die, die ich wollte. Nach ein paar Jahren in der Karrieremühle erkannte ich bereits, dass meine Zukunft in der Unabhängigkeit liegen würde.

Unfreiwillig unfrei
Als ich diesen dritten Schritt dann ging und mich selbstständig machte, war ich trotzdem nicht sofort wirklich frei. Das Ziel war, mich von den Fesseln zu befreien. Leider legte ich mir erst einmal wieder selbst welche an. Ich ließ mich auf Partner und Investoren aus der Corporate-Welt ein und die spielten natürlich nach denselben alten Regeln. Ich wollte endlich meine Vorstellungen verwirklichen, aber die hatten ihre eigenen Interessen. Also wieder Corporate Monkeys, wieder Unfreiheit. Das war schon frustrierend.

Befreiungsschlag
Letztlich wuchs mein Freiheitsdrang dadurch aber nur noch mehr. Seit einigen Jahren bin ich als Unternehmer und als Mensch nun wirklich frei – so frei jedenfalls, wie es uns als sozialen Wesen eben möglich ist. Wenn ich etwas Neues anpacke, dann weil es in diesem Sinne für mich relevant ist. Alles, wofür oder wogegen ich mich entscheide,

was ich tue, wohin ich gehe, mit wem ich mich umgebe und was ich mit mir machen lasse oder eben nicht, all das richtet sich an diesem Kriterium aus: Unabhängigkeit.

Freiheit als Führungsprinzip

Und deshalb finde ich es nur konsequent, dass ich heute nicht nur nach diesem Motiv lebe, sondern auch nach diesem Motto führe. Ich habe die Erfahrung gemacht, dass freie Menschen in einem freien System bessere Ergebnisse erzielen. Mir ist es sehr wichtig, dass meine Mitarbeiter ihre Freiheiten erkennen und nutzen. Auch wenn mein Job als Führungskraft dadurch manchmal schwieriger wird. Denn eines ist mir in all den Jahren immer wieder aufgefallen: In den Unternehmen, in denen die Mitarbeiter mit Freude bei der Sache sind und sich mit ihrer Arbeit identifizieren, sind auch die Kunden zufriedener. Menschen können sehen, riechen und schmecken, wie ein Unternehmen geführt wird. Sie spüren die Freiheit. Und sie spüren eben auch die Angst und die Abhängigkeit, wenn es nicht so ist – zum Beispiel in Form von schlechtem Service. Den gibt es naturgemäß in den Unternehmen, in denen der Mensch eben nicht im Mittelpunkt steht.

Aus dieser Überlegung entstanden auch die Idee zu meinem Vortrag und der Titel meines Buches: *Ohne Freiheit ist Führung nur ein F-Wort*. Freiheit ist für mich kein Ideal aus dem Elfenbeinturm, sondern ein ganz lebenspraktischer Wert. Freiheit ist mein großes Ziel.

Manchmal hat dieses Ziel mich fast gebrochen. Aber immer einmal mehr hat es mir den Hals gerettet. Wir alle brauchen einen Grund, um weiterzumachen. Die Freiheit ist meiner.

Herzlich,

Ihr
Carsten Rath

PROMINENTE STIMMEN ZUM BUCH

„Ein Buch, das jeden mit Personal-
verantwortung zum Nach- und Umdenken
bringen wird. Ein kleiner oder großer
Business Monkey steckt wohl noch in jedem
von uns. Noch während der Lektüre des
Buches hatte ich das dringende Bedürfnis,
sofort etwas zu unternehmen ...
um 2 Uhr morgens."

(Dirk Müller, „Mister DAX",
Geschäftsführer Finanzethos GmbH)

„Lieber Carsten, führen heißt, die Spur
zu einem gemeinsamen Ziel zu legen."

(André Lüthi, Travel Ambassador & President,
Globetrotter Group AG)

„Innere Freiheit leben und nutzen, äußere
Freiheit verantworten und genießen:
Das ist das Geheimnis nachhaltiger Erfolge.
Letztlich sind es die persönlichen
Beziehungen, die den Unterschied machen.
‚Einen sicheren Freund erkennt man
in unsicherer Lage.' Als solchen habe ich
Carsten Rath kennengelernt."

(Christian Wulff, Bundespräsident a. D.)

CKR*-LEADERSHIP-SYSTEM F

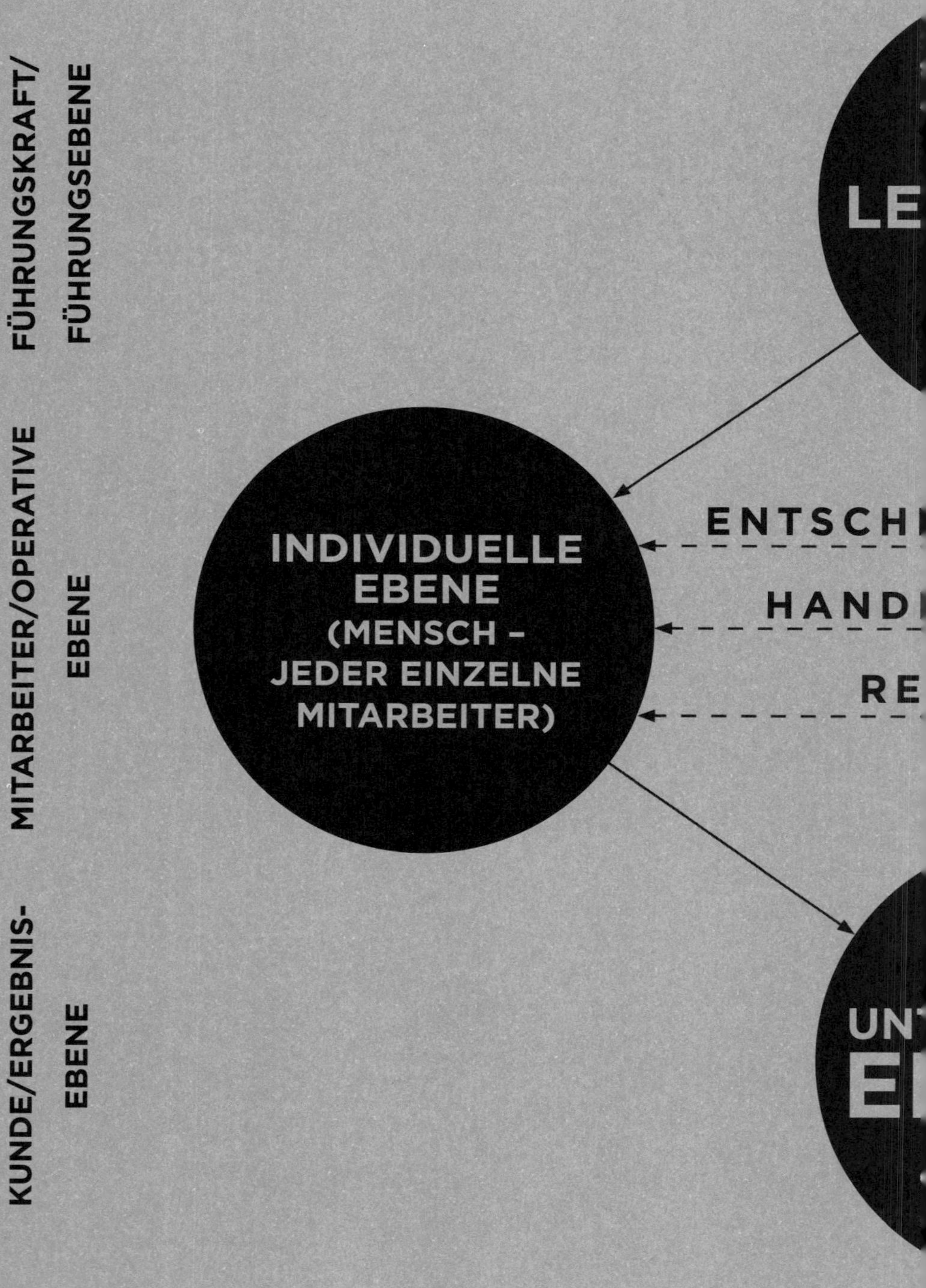

**FÜHRUNGSKRAFT/
FÜHRUNGSEBENE**

LE

**MITARBEITER/OPERATIVE
EBENE**

ENTSCH

HANDI

RE

**INDIVIDUELLE
EBENE
(MENSCH –
JEDER EINZELNE
MITARBEITER)**

**KUNDE/ERGEBNIS-
EBENE**

UN
E

Der **COMO** (Kurzform von Corporate Monkey) ist eine Gattung von Managern aus der Familie der Führungskräfte. Sie sind eine mittelmäßig erfolgreiche, aber extrem weitverbreitete Gruppe und auf allen Führungsebenen von der Teamebene bis zum Vorstand anzutreffen. COMOs kommen außerdem in jeder Branche vor. Als extrem effiziente Parasiten können sie ein Team, eine Abteilung oder ein Unternehmen in kürzester Zeit aushöhlen, um zum nächsten Unternehmen weiterzuziehen. Ihr extrem hoher Verbreitungsgrad ist darauf zurückzuführen, dass sie beinahe jede Berufung simulieren können, oft über viele Jahrzehnte unentdeckt, solange sie dabei eine Führungsposition bekleiden. Ihre extrem raffinierte Tarnung kommt vor allem durch die Durchmischung mit zahlreichen anderen Arten zustande: Kreuzungen des COMOs mit Fleißigen Arbeitsbienchen sind ebenso bekannt wie Mischformen mit dem Gemeinen Faultier.

Der COMO ernährt sich ausschließlich von Kokosnüssen wie Boni, geldwerten Vorteilen und Machtversprechen, die das Leittier einer COMO-Herde verwaltet. Die strategische Verteilung der Kokosnüsse dominiert die gesamte Lebensgestaltung der COMOs. Die enorme Resistenz des COMOs gegen die widrigen, weil leistungsbetonenden Lebensumstände einer freien Wirtschaft ist vor allem auf seine vermeintliche Ähnlichkeit mit einer anderen Gattung von Führungskräften zurückzuführen: dem Leader. Von ihm unterscheidet er sich jedoch durch oberflächlich schwer erkennbare, dafür in ihrer Wirkung gravierende Differenzen in der inneren Führungshaltung, die oft erst bei der Konfrontation mit sinnorientierten Mitarbeitern und mündigen Kunden zutage treten. Einen klaren Hinweis, ob es sich um einen COMO oder einen Leader handelt, bietet der Lebensraum: COMOs überleben ausschließlich in Gefangenschaft, während der Leader die Freiheit braucht wie die Luft zum Atmen.

Aktuelle Hinweise lassen den Schluss zu, dass die Gattung der Leader den COMOs evolutionär in jeder Hinsicht überlegen ist, sobald es zu gesellschaftlichen und wirtschaftlichen Wandelerscheinungen kommt. Ein aktuelles Forschungsprojekt unter der Leitung von Carsten K. Rath verspricht neue Erkenntnisse, die endlich auch eine eindeutige Identifikation von COMOs und ihre Abgrenzung gegenüber Leadern ermöglichen würden, bevor diese ein weiteres Unternehmen unentdeckt ruinieren.